U0299059

誰謂茶苦

宋人说饮馔烹调

翁彪
夢雨
著

根据 ［宋］林洪《山家清供》改编

清华大学出版社
北 京

图书在版编目（CIP）数据

谁谓荼苦：宋人说饮馔烹调 / 翁彪，梦雨著. — 北京：清华大学出版社，2018
（古人说）

ISBN 978-7-302-50125-1

Ⅰ．①谁… Ⅱ．①翁… ②梦… Ⅲ．①烹饪—中国—宋代 Ⅳ．①TS972.117

中国版本图书馆CIP数据核字（2018）第104822号

责任编辑：徐　颖
装帧设计：梦　雨
责任校对：王荣静
责任印制：杨　艳

出版发行：清华大学出版社
　　　　　网　　址：http://www.tup.com.cn,　　　http://www.wqbook.com
　　　　　地　　址：北京清华大学学研大厦A座　　　邮　编：100084
　　　　　社总机：010-62770175　　　　　　　　　邮　购：010-62786544
　　　　　投稿与读者服务：010-62776969, c-service@tup.tsinghua.edu.cn
　　　　　质量反馈：010-62772015, zhiliang@tup.tsinghua.edu.cn
印装者：小森印刷（北京）有限公司
经　销：全国新华书店
开　本：130mm×210mm　　　印　张：4.625　　　字　数：116千字
版　次：2018年8月第1版　　　印　次：2018年8月第1次印刷
定　价：49.00元

产品编号：073688-01

一蔬一食与林泉之乐

这本《谁谓荼苦》，是对宋代林洪《山家清供》一书的节译。

《山家清供》是成书于南宋年间的一部蔬食谱。"山家"，意为山野人家；"清供"，指清雅的供品。后世多用以指称雅致的案头摆设，这里则不然，这个"供"字，指的是食物。南宋笔记《梦粱录》记载的菜名中，有"清供沙鱼拂儿"，又有"清供野味"，可知这个词当时的用法，是指清淡的、烹饪方法简单的食物。因此"山家清供"这四个字，大致可以解释为"山野人家的清茶淡饭"。从这个书名，已经可以见出作者著述和生活的态度。

1

林洪，字龙发，号可山，南宋绍兴年间进士。稍晚些时候的诗人韦居安在《梅磵诗话》说他"粗有诗名"，但流传至今的诗只有两三首。其中一首题为《冷泉亭》的七绝（一说林稹所作），很有几分夫子自道的意味：

一泓清可沁诗脾，冷暖年来只自知。

流出西湖载歌舞，回头不似在山时。

林洪是福建泉州人，青年时代为求功名赴杭州求学，后来多年寓居江淮一带。诗中流露出的厌倦繁华、思慕林泉的心情，或许正是诗人旅寄临安时的心理写照。后来他写了两部书：《山家清供》和《山家清事》，总以山中逸士自居。生逢乱世的诗人，大约始终对繁华抱有疏离感。

隐士风骨或许是埋在林洪基因里的。林洪自称是林逋（林和靖）七世孙，这一点曾经颇遭人嘲弄，因为林逋以终身未娶而知名。时人作诗说："和靖当年不娶妻，只留一鹤一童儿。可山认作孤山种，正是瓜皮搭李皮。"可山就是林洪，而"瓜皮搭李皮"则是借用当时俗语——把强认亲族的人叫作"瓜皮搭李树"。

但林和靖梅妻鹤子，人尽皆知，林洪即使想冒认亲族，也不至于疏忽了这一点。事实上，据清代施鸿保《闽杂记》所载，早在嘉庆年间，林则徐任浙江杭嘉湖道时，因重修孤山林和靖墓，发现一块碑记，证实林逋确有后裔。施鸿保认为，所谓梅妻鹤子，并非终身不娶，而是丧偶之后未再续弦，孤身隐居。也有人认为林逋过继了兄长之子，以存续香火。

有趣的是，据日本史料记载，林逋还有另一位青史留名的后人。他叫林净因，元至正十年（1350年）东渡扶桑，定居奈良，带去了南宋的馒头制作技术，开设了日本第一家馒头店。其技艺为子孙继承，发扬光大，在室町幕府时代创立了被誉为日本点心界鼻祖的"盐濑总本家"。至今，日本饮食界人士每年都要在奈良的林神社祭拜"馒头始祖"林净因，而盐濑家的后人还年年来中国祭拜孤山的林和靖墓，仍然自称为林和靖的后裔。

林和靖的后人居然在中日两国的饮食文化领域都做出了见载史册的贡献，这大概是林和靖本人不曾料想过的吧。

2

林洪生活的南宋，是一个饕餮的黄金时代。

南宋时期饮食文化之繁盛，从存世的几部笔记中就不难见出端倪。林洪青年时期寓居的临安城，是当时天下第一大都会，商业空前繁荣，"买卖昼夜不绝，夜交三四鼓，游人始稀；五鼓钟鸣，卖早市者又开店矣。"（《梦粱录·卷十三·夜市》）这其中最兴盛也最热闹的当然是饮食业，一些生意特别好的饭馆，甚至到了"通宵买卖，交晓不绝"（《梦粱录·卷十三·天晓诸人出市》）的地步。也因此，这几部追忆临安繁盛的笔记，但凡语及饮馔，个个不惜笔墨，活色生香。

《武林旧事》中描述了临安酒楼的营业情形：

凡下酒羹汤，任意索唤，虽十客各欲一味，亦自不妨。过卖铛头，记忆数十百品，不劳再四传喝。如流便即制造供应，不许少有违误。酒未至，则先设看菜数碟；及举杯，则又换细菜，如此屡易，愈出愈奇。（《武林旧事·卷六》）

"铛头"，就是厨师。即使有几十上百道菜同时下单，厨师也能记忆在心，应付裕如，流水般一道道做来，决不迟误。菜色则是轮番更迭，"愈出愈奇"。

到底都有哪些菜色？《梦粱录》里有一段"报菜名"，长达一千七百字，光是汤羹就多达二三十种。从"百味羹、锦丝头羹、十色头羹、间细头羹"到"盐酒腰子、脂蒸腰子、酿腰子、荔枝腰子"，从"燠小鸡、五味炙小鸡、小鸡假炙鸭、红小鸡、脯小鸡"到"生蚶子、炸肚燥子蚶、枨醋蚶、五辣醋蚶子、蚶子明芽肚、蚶子脍"，举凡家禽野味，河海生鲜，汤羹果品，炙，蒸、炒、炸、糟，林林总总，应有尽有。

这当然是高档酒楼。不过中低档消费的食肆也不逊色：

> 又有专卖家常饭食，如撺肉羹、骨头羹、蹄子清羹、鱼辣羹、鸡羹、耍鱼辣羹、猪大骨清羹、杂合羹、南北羹，兼卖蝴蝶面、煎肉、大燠、虾燥等蝴蝶面。又有煎肉、煎肝、冻鱼、冻鲞、冻肉、煎鸭子、煎鲜鱼、醋鲞等下饭。更有专卖血脏面、斋肉菜面、笋淘面、素骨头、麸笋素羹饭；又有卖菜羹饭店，兼卖煎豆腐、煎鱼、煎鲞、烧菜、煎茄子。此等店肆，乃下等人求食粗饱，往而市之矣。（《梦梁录·卷十六》）

这是当时的大排档，供平常民众果腹之需，品种也颇丰富。

至于点心果品，更是应有尽有：

> 又沿街叫卖小儿诸般食件：麻粮、锤子粮、鼓儿饧、铁麻糖、芝麻糠、小麻糖、破麻酥、沙团、箕豆、法豆、山黄、褐青豆、盐豆儿、豆儿黄糖、杨梅糖、荆芥糖、榧子、蒸梨儿、枣儿、米食羊儿、狗儿、蹄儿、茧儿、栗粽、豆团、糍糕、麻团、汤团、水团、汤丸、馄饨儿、炊饼、榾栗、炒榾、山里枣、山里果子、莲肉、数珠、苦榾、荻蔗、甘蔗、茅洋、跳山婆、栗茅、蜜屈律等物，并于小街后巷叫卖。（《梦梁录·卷十三》）

仅仅是哄孩子的小零食，已经令人目不暇给。"米食羊儿、狗儿、蹄儿、茧儿"，是用米粉做成小羊小狗各种形状的小点心；"蜜屈律"是一种味道香甜的水果，今天称为枳椇子；"沙团"，是将红豆、绿豆与白糖煮软，揉成团状，外面裹上生糯米粉，再蒸熟。

《西湖老人繁胜录》里也开出过一份琳琅满目的点心单子："香药灌肺、七宝科头、杂合细粉、水滑糍糕、玲珑划子、全铤裹蒸、生熟灌藕、水晶炸子、筋子臁皮、乳糖鱼儿、美醋羊血、澄沙团子……"其中名物多不可考，总之是炊金馔玉，堆砌出一幅繁华图景。

因此，面对一本宋代的菜谱，读者或许会迫不及待地想看到上述种种佳肴美馔。但如果抱着这样的期望翻开《山家清供》，大概会有点错愕。因为林洪此书从头至尾，似乎都和那些烹龙炰凤的美食毫不相干。书中记载的菜品，食材都很清淡，不是芋头萝卜，就是山间野菜、树头嫩芽；烹饪方法也很简朴，往往只是焯水之后稍加姜、盐，或者是简简单单清炒一过。对烹饪方法的记述甚至都不是这本书的重点，书里诗文掌故、名人逸事比比皆是，一眼望去，体例倒更像是一本诗话。

历代食谱存世的不少，但体例如此的只有《山家清供》。林洪写吃，似乎醉翁之意不在酒。

3

要不要把《山家清供》归类为一本食谱，是件颇费踌躇的事。以食谱的标准衡量，它似乎不大够格，因为食谱的核心部分——烹饪步骤与窍要，书里往往语焉不详；可是，另一方面，书中又有许多内容，是远远超出"食谱"本分的，称之为食谱，似乎又小觑了它。

地道的食谱是什么样？不妨来看看宋代的另一部食谱——《吴氏中馈录》。"中馈"，指家中膳食供祭之事，例由家中主妇主持，所以这个词也用来代称妻室。"中馈录"的意思，就是下厨心得。

吴氏不知何许人也，只知道她是一位女性，浦江人氏。也许是当年驰名金华坊间的巾帼大厨，如宋五嫂一流人物；也许只是一位贤惠又通文墨的主妇。这本书完全用口语写成，平实明了。例如这段记述"水滑面"做法的文字：

用十分白面，揉、溲成剂。一斤作十数块，放在水内，候其面性发得十分满足，逐块抽、拽，下汤煮熟，抽、拽得阔薄乃好。

麻腻、杏仁腻、咸笋干、酱瓜、糟茄、姜、腌韭、黄瓜丝做齑头，或加煎肉，尤妙。

要言不烦，井井有条，是真正的下厨实用手册。

相形之下，林洪此书就截然不同，他的笔墨，倒有一大半毫不吝惜地花在庖厨之外。随便摘一则：

> 刘彝学士宴集间，必欲主人设苦荬。狄武襄公青帅边时，边郡难以时置。一日宴集，彝与韩魏公对坐，偶此菜不设，谩骂狄公至暴卒。狄声色不动，仍以先生呼之，魏公知狄公真将相器也。《诗》云："谁谓荼苦。"刘可谓甘之如荠者。其法：用醯酱独拌生菜。然，太苦则加姜、盐而已。《礼记》"孟夏，苦菜秀"是也。《本草》：一名荼，安心益气。隐居作屑饮，可不寐。今交、广多种也。

> ——《如荠菜》

这一大段文字，真正叙述烹饪方法的，仅"用醯酱独拌生菜"七字而已。"苦荬"是一种野菜，也叫苦苣，南北地区均常见。醯就是醋，酱是酱油，用酱油和醋凉拌苦荬菜，如是而已。

这实在算不上什么菜谱，林洪津津乐道的，乃是这一段故事。

故事的三位主人公里，最有名的一位当属北宋名将狄青（谥号武襄公）。刘彝则是与他同时的一位官员，神宗时任都水丞，管理水利，后来又担任过虔州（今赣州）知州。为官颇有清名，很得百姓爱戴。还有一位，韩魏公，则是北宋的边疆大员韩琦，封魏国公。

刘彝对于这道凉拌苦荬菜喜爱到偏执，席间不见此菜，竟致谩骂主人，而主人狄青却不动声色，礼敬如常，两个人都是不一般的角色。林洪的评论则为刘公的饮食趣味附会了一个出处，便是诗经中的"谁谓荼苦，其甘如荠"（《诗经·邶风·谷风》）。

这个"荼"字，依照《尔雅》和《毛诗传》的解释，就是"苦菜"。《谷风》原诗的意思，并不是真的说苦菜味道甘甜，只是借以形容弃妇的痛苦——和这种苦一比，连苦菜都算是甜的了。而现在却冒出了一个当真喜欢吃苦菜的刘彝，因此林洪说他"可谓甘之如荠者"，还顺势给这道凉拌苦菜起了个诗意的名字，叫作"如荠菜"。

这就是林洪的风格。林洪写吃，要义并不在朵颐之快。作为一个读书人，即使在庖厨俗务上，他也别有所乐。

乐趣之一是格物致知，在菜市场和厨房里实践名物考证的学问。比如《元修菜》一则，说自己花了二十年，终于搞清楚苏轼《元修菜》这首诗说的原来就是野蚕豆苗。《沆瀣浆》考证《楚辞》中的"柘浆"（甘蔗萝卜水），《寒具》考证晋人桓玄的"寒具"（糯米糍），都是这一类学问家的痴劲头。林洪自己认真解释过这种快乐："君子耻一物不知，必游历久远，而后见闻博。读坡诗二十年，一日得之，喜可知矣。"

反过来，为寻常食物作注疏，引经据典地起名字，又是一种乐趣。譬如从苍耳饭联想到《诗经·卷耳》，再到"后妃欲以进贤之道讽其上"，于是给它起名"进贤菜"；凉拌黄花菜，引嵇康"合欢蠲忿，萱草忘忧"，名之以"忘忧虀"。前面说的《如荠菜》也是一例。

还有一种"不为腹而为目"的乐趣——甚至未必能吃。譬如《汤绽梅》，做法是把冬日的腊梅花苞蘸上蜡，密封保存，留到来年夏天，沸水化开封蜡，就能看到花就在水中徐徐绽开。这道汤想来赏心悦目，但大概是真正的"味同嚼蜡"吧。《雪霞羹》则是用芙蓉花瓣与豆腐一同煮汤，未必添其香，不过增其色而已。

当然，最令人印象深刻的是《银丝供》：

张约斋（镃）性喜延山林湖海之士。一日，午酌数杯后，命左右作银丝供，且戒之曰："调和教好，又要有味。"众客谓必脍也。良久，出琴一张，请琴师弹《离骚》一曲，众始知银丝乃琴弦也；调和教好，调弦也；又要有真味，盖取渊明琴书中有真味之意也。张，中兴勋家也，而能知此真味，贤以哉！

主人命以"银丝供"待客，结果是请出七根冰弦，一曲《离骚》，谓"琴书中有真味"。此味非彼味，纯然是文人的小狡黠。

4

当然，这并不是说《山家清供》有名无实。银丝供的玩笑是偶然为之，书中毕竟记录了许多常规意义上的菜谱，其中不少也的确称得上美食。试举几例：

于夏采槐叶之高秀者，汤少瀹，研细，滤清，和面作淘。乃以醯酱为熟齑，簇细茵，以盘行之，取其碧鲜可爱也。

——《槐叶淘》

"淘"，就是过水的意思。槐叶滤汁和面，做成细细的绿色面条，过冷水，捞起加酱油和醋凉拌。若用冰水，更宜消夏，相当于今天说的冷面。"槐叶冷淘"的做法起源于唐代，历代流传，及于各地，至今也常常可以见到。

春采笋、蕨之嫩者，以汤瀹之，取鱼虾之鲜者，同切作块子，用汤泡滚蒸，入熟油、酱、盐，研胡椒拌和，以粉皮盛覆，各合于二盏内蒸熟。今后苑多进此，名"虾鱼笋蕨兜"。

——《山海兜》

用粉皮包裹嫩笋鲜虾，蒸熟，有点像是斋肠粉和鲜虾肠粉。食材新鲜应季，爽滑可口。

宪圣喜清俭，不嗜杀，每令后苑进生菜，必采牡丹片和之，或用微面裹，炸之以酥。

——《牡丹生菜》

把牡丹花瓣摘下来，稍许裹上面粉，用酥油炸，这个做法很像是今天日本料理中的天妇罗。不过用牡丹做天妇罗的似乎罕见。书中还有《檐卜煎》一则，做法也近似，不过是用栀子花瓣。天妇罗在日本的起源不详，由此看来，或许承自宋朝亦未可知。

橙大者截顶，刮去穰，留少液，以蟹膏肉实其内，仍以蒂顶覆之，入小甑，用酒、醋、水蒸熟，加苦酒，入盐，既香而鲜，使人有"新酒菊花、香橙螃蟹"之兴。

——《蟹酿橙》

把橙子挖空，填进蟹膏，蒸熟，加佐料。橙清香，蟹肥美，中秋时节的好口福都在这一盘里了。

暑月，命客棹舟莲荡中，先以酒入荷叶束之，又包鱼鲊他叶内。候舟回，风薰日炽，酒香鱼熟，各取酒及鲊作供，真佳适也。

——《碧筒酒》

暑天出游，把酒和腌鱼包在荷叶里，一路上薰风吹，和日暖，荷叶清香渐渐渗入酒食，十足的夏日风味。

有人称《山家清供》为素菜谱，其实林洪并不茹素，书里也有黄金鸡、牛尾狸、山煮羊、拨霞供、罂乳鱼、炙獐诸般条目。

不过罕有煎炒溜炸之类浓墨重彩的做法，在荤菜里算得简朴一路。其中最著名的是下面这则《拨霞供》：

> 向游武夷六曲，访止师，遇雪天，得一兔，无庖人可制。师云："山间只用薄批，酒酱椒料沃之，以风炉安坐上，用水少半铫，候汤响，一杯后，各分以著，令自夹入汤摆熟，啖之。乃随宜各以汁供。"因用其法。不独易行，且有围团暖热之乐。越五六年，来京师，乃复于杨泳斋伯岩席上见此，恍然去武夷，如隔一世。杨，勋家，嗜古学而清苦者，宜安此山林之趣。因作诗云："浪涌晴江雪，风翻晚照霞。"末云："醉忆山中味，浑忘是贵家。"
>
> ——《拨霞供》

说的其实就是火锅。山中大雪，打到一只兔子，却没有大厨，于是就涮了个兔肉火锅。火锅起源甚早，并不是林洪的发明，林洪的创意在于"拨霞供"这个风雅的名字。"浪涌晴江雪，风翻晚照霞"，这两句何等清雅，谁想得到所咏风物，不过是火锅白沫沸腾，红色肉片翻飞而已。

5

要总结《山家清供》对于食事的追求，或许可以取"清""真"二字。宋代诗人里，辛弃疾有"庾郎襟度最清真"的句子，陆游也写过"欲上兰亭却回棹，笑谈终觉愧清真"，而周邦彦索性用这两个字作为自己的别号，可见推崇此种境界和趣味的远不止林洪一人。

"清"之一字，自是贯穿全书的题眼。林洪评价菜肴，反反复复地用到这个字："既清而馨""清可想矣""尤有清意""清芳极可爱""清和之风备矣"……这个评价，指的不仅是烹饪清淡、舒爽适口，更大程度上是一种格调。这种格调的极端代表，要数《石子羹》：

> 溪流清处取小石子，或带藓者一二十枚，汲泉煮之，味甘于螺，隐然有泉石之气。此法得之吴季高，且曰："固非通宵煮食之石，然其意则甚清矣。"

其实就是泉水煮石头。这当然是个极端的例子，但足以反映林洪在饮食上的价值取向。在林洪看来，类似"其意甚清"这种精神层面的满足，无疑也是饮食要义之一端，甚至可以反过来影响到味觉和口感："味甘于螺"，就是说比海鲜汤还要甘美。

这倒未必是无稽之谈，从现代科学的角度说，味觉并不全靠基因控制，也可以由经历与社会暗示塑造。有经验的品酒师，能够尝出常人无法体察的细微味道；古人煮茶讲究水质，"山水上，江水中，井水下"，今人也很少能够分辨。因此不妨设想，长期生活在林洪这样的饮食结构和饮食趣味之中，尝得出石子羹的甘味，也未见得是一件异事。

何谓"真"？书中有一则《真汤饼》，恰好作为最合适的注脚：

> 翁瓜圃访凝远居士，话间命仆："作真汤饼来。"谓："天下安有假汤饼？"及见，乃沸汤泡入油饼，人一杯耳。翁曰："如此，则汤泡饭亦得名真泡饭！"居士曰："稼穑作甘，苟无胜食气者，则真矣。"

"胜食气"是孔子的说法，出自《论语·乡党》："肉虽多，不使胜食气。"气字实际上是"饩"，也就是粮食。朱熹的注释是："食以五谷为主，故不使肉胜食气。"这里反映出的是一种传统饮食文化观念，即以五谷为本。如孔子所说，肉再美味，也不能喧宾夺主。谷物是中国人的主食，对谷物的依赖促成了儒家重视稼穑的传统，"贵谷务本"，才是正道。林洪特地将《青精饭》放在《山家清供》全书卷首，说"首以此，重谷也"，可见这种传统观念对他的深刻影响。

前面举过的"槐叶冷淘"，其实发展到宋代已经花样翻新，加入各种浇头，有了"抹肉冷淘""银丝冷淘""甘菊冷淘"等等做法；到了元代，倪瓒的《云林堂饮食制度集》里记载的"冷淘面法"更加靡费，要加入去骨鳜鱼、虾肉，浇鱼汁，外加姜汁、花椒、胡荽，做法甚是繁复。然而，这些都是为林洪所不取的。他在《山家清供》里，依然固执地记录了最本色的做法——就是用槐叶汁和面，别的什么也不加。个中缘故，也是他对于食物"真味"的重视和追求。

今天的读者或许对此抱有本能的抵触，觉得林洪未免矫揉造作。吃的要义，一是吃得饱，二是吃得好，追求这些虚无缥缈的附加意义，岂非舍本逐末？然而只要稍加反思，我们自身对于饮食的观念，也不过来自今天的时代话语和文化环境，其合理性同样可疑。消费主义赞美饫甘餍肥，背后的逻辑并非人性，而是对人性的异化。道家认为"五味令人口爽"，朱熹认为饮食是天理，山珍海味是人欲，都对口腹的餍足有所警惕。如前所述，林洪身处饮食文化繁盛的时代和地域，却选择了这样一种生活方式，是不无自省意味的。

从这个层面上说，《山家清供》或许兼有食谱和食谱之外的意义。它记录了一位宋代诗人的饮食，也记录了他的精神世界。诗人真正着意的非饮非馔，而是林泉之乐。林泉之乐，寓乎一蔬一食，不足为老饕道也。

6

时至今日，《山家清供》不仅是古代饮食文化研究者的案头文献，也为许多美食爱好者津津乐道，更成为今天的读者了解宋人生活趣味之一途。但是，此书文字虽不艰深，却涉及许多名物和典故，对一般读者来说，阅读起来仍然不免吃力。这使得我们产生了编写这本小书的想法。

我们从《山家清供》的百余则条目中，遴选了较有趣味和较可操作的一部分——约占原书篇幅的二分之一——翻译成现代汉语，按照四时节令大致归类，分出章节；并且为每一则都配了插画，解释这些菜肴的做法步骤，方便有兴趣的读者下厨一试。

为了尽可能减少错讹，翻译之前，我们根据《山家清供》几种主要的存世版本，对全书作了一次校勘，并将校勘稿完整附录于书后，供有兴趣的读者参阅。此外，《山家清供》中不少菜肴脱化于诗文典故，所谈及的食疗功效，则有中医药典籍可为佐证，因此我们将一些重要的资料，以楷体排印，附注于译文之后，作为阅读的延伸与补充。

柴立中（凤麟）先生，曾校注《山家清供》并发布在网络上，我们的翻译和附注工作也参考了他的成果，在此向柴先生谨致谢忱。

责任编辑徐颖老师对书中的译文和插画作了极其细致的审阅，对于书中疑难之处，付出许多考证的精力，并与我们反复商讨，斟酌改易，务求准确，对此我们也深怀感激。当然，书中的任何错谬，仍然是应当由作者负责的。

目　录

一箸鲈鱼直万金——秋

掇叶餐花照冰井 —— 冬

四时佳兴与人同——四季皆宜

剪蔬先赋立春诗

檐卜煎

当年去漫塘先生刘宰家里串门，被留下来午间小酌，得见这道菜，清新又馥郁，真叫人喜欢。问什么做的，说栀子花。花要大朵，用开水焯一下，稍微沥干水。再用甘草煮水，和些面糊，下油锅煎。栀子花古称檐卜嘛，所以叫"檐卜煎"。关于栀子花，杜甫曾这样写道："论看，有染色之用；论吃，有补气之功。（于身色有用，与道气相和。）"这道菜一做好，清和的风味也就有了。

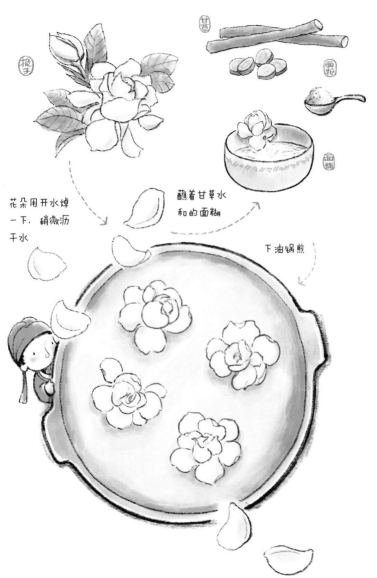

花朵用开水焯一下，稍微沥干水

蘸着甘草水和的面糊

下油锅煎

碧
涧
羹

　　芹，即楚葵，又名水英。这菜分两种：叫荻芹的，吃根；叫赤芹的，叶和茎都能吃。农历二、三月采来，滚水焯过取出，用醋、茴香和磨细的芝麻相拌，加盐少许，做成腌菜。不过若煮成羹，就能领略到山野溪水特有的滋味，清澈而馨香。杜甫诗里写"香芹碧涧羹"，也就不奇怪了。有人说，芹是低贱的食材，杜甫为什么偏偏要为它写诗呢？不知道了吧，乡野之人拿到这种东西，还琢磨着是不是该献给君上呢？

杜甫《陪郑广文游何将军山林（其二）》：
百顷风潭上，千章夏木清。
卑枝低结子，接叶暗巢莺。
鲜鲫银丝脍，香芹碧涧羹。
翻疑柁楼底，晚饭越中行。

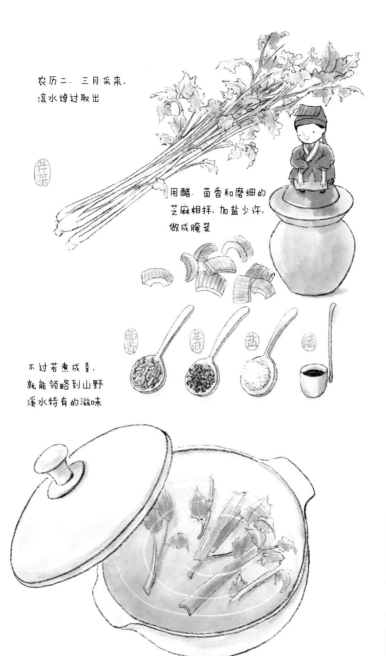

农历二、三月采来，
滚水焯过取出

用醋、茴香和磨细的
芝麻相拌，加盐少许，
做成腌菜

不过若煮成羹，
就能领略到山野
溪水特有的滋味

5

菊苗煎

去西马塍探春，遇上张将使、元耕轩两位，被留下喝酒。我被指派到菊田上赋诗，写下一首《墨兰》，耕轩读过，兴致高涨，几杯酒后，上来一道叫作菊苗煎的菜。做法如下：采摘菊苗，开水焯过，挂上用甘草水与山药粉调和的糊，油煎，滋味清凉，恍惚间有花圃清风吹来。张将使深谙药草之门道，补充说："菊苗以花茎紫色那一种最地道。"

采摘菊苗，焯水

煮水

磨粉

以甘草水和山药粉调成糊状

菊苗挂糊

让面糊裹在菊苗上

入油锅煎

恍惚间有花圃清风吹来

苜蓿盘

　　唐朝开元年间，东宫太子的幕僚境遇惨淡，有位薛令之，当时做左庶子，写了首诗发牢骚："早上的太阳滚滚圆，照着同志们的圆盘。盘里没有别的啥，横竖全都是苜蓿。饭硬撅弯了勺子，汤稀用不上筷子。度日全靠这个菜，怎么熬过大冬天？（朝日上团团，照见先生盘。盘中何所有？苜蓿长阑干。饭涩匙难滑，羹稀箸易宽。以此谋朝夕，何由保岁寒？）"皇帝视察东宫，看到这诗，就在旁边回了帖，有一句说道："若不愿松桂一样熬过冬天，不妨归隐田园炕头取暖。（若嫌松桂寒，任逐桑榆暖。）"薛令之惊出冷汗，随即告病还乡。每次读到这诗，都很好奇苜蓿究竟是啥。有一次和宋伯仁（号雪岩）一道拜访郑埜钥先生，发现他种了苜蓿，就弄来种子，问清楚培植方法。此物叶子呈绿紫色又带点灰，茎高一丈。采摘来，开水焯，油锅炒，姜、盐用量随口味而定，既可熬汤，又可生炒。这菜滋味本来不差，怎么让薛令之那么嫌弃呢？说起来，能在东宫做官，都是当时一流的人物。不过唐代文人拿苜蓿来写诗的，统统是在被贬官的时候。薛令之所感慨的，并非伙食本身。选为官僚，却没有机会施展才华，难免会像冯谖那样嚷嚷"怎么菜里没点荤腥"吧。掌权者竟然只是嘲讽，还让人怎么容身。唉，多凉薄！

叶子呈绿紫色
茎高一丈

苜蓿

采摘来，开水焯

油锅炒，
姜、盐适量 盐

姜

既可熬汤

又可生炒

9

蒿蒌菜

我曾寄居在江西林谷梅先生的山房书院，春天常吃到这道菜。采摘蒿蒌（也叫蒌蒿）的嫩茎，择掉叶子，开水焯过，用油、盐、醋拌作凉菜，也有人加肉燥，特别香脆可口。之后回到京城，一到春天就念想不已。偶然有个机会，与李竹埁先生做邻居，因他是江西人，就讨教了一番。李先生说："《广雅》上说，这东西叫蒿蒌，生长在地势低洼的地方，在我们江西都用来做鱼羹。陆玑的《毛诗草木鸟兽虫鱼疏》里说，蒿蒌叶子像艾草，白色，可蒸熟了吃。《诗经·汉广》不是说'言刈其蒌'么？就是指这蒿蒌。"黄庭坚诗里说："蒌蒿数箸玉簪横。"翻看诗集的注解，果然如此。李竹埁是李怡轩之子，曾跟随朱熹弟子西山蔡元定先生学做文章，草木之名了然于胸，不是浪得虚名啊。

黄庭坚《过土山寨》：

南风日日纵篙撑，时喜北风将我行。

汤饼一杯银线乱，蒌蒿数箸玉簪横。

采摘蒌蒿的嫩茎，择掉
叶子，开水焯过

用油·盐·醋拌作凉菜

百合面

　　农历二月和八月，采摘百合根，晒干、捣碎、细筛，和入面粉，制成汤面片，特别养血补气。也可以蒸熟，用来下酒。《岁时广记》说："百合，要二月种下，施鸡粪最好。"《化书》说："百合是山中蚯蚓所化。"照这么说，百合适宜鸡粪，该是前世今生的感应吧?

百合根

采摘百合根

晒干

捣碎

细筛

和入面粉 面粉

蒸熟，用来下酒

制成汤面片，养血补气

元修菜

苏东坡有一首《元修菜》，写给老朋友巢元修，也是借老友之名命名这道菜。读到"豆荚宛转如小球，槐芽纤细又饱满（豆荚圆而小，槐芽细而丰）"一句，总要跑到田间，努力弄清楚这说的究竟是什么豆。多少次向老农请教，却没有一回听到确切说法。直到一天，永嘉人郑文干从蜀地回来，路过梅边，急忙拜访请益。回答说："那是野蚕豆，俗称疏豆，四川人唤作巢菜。苗叶嫩时，可采下作食材。择好、洗净，以真麻油热炒，然后用酱、盐来煮。春天一过，苗叶就老，不能吃了。苏东坡诗里说：'滴酒烘托盐、豉，橙丝配佐葱、姜（点酒下盐豉，缕橙芼姜葱。）'这可是地道做法。"读书人但凡有一事不知，就深以为耻，所以一定要各方游历，见闻才会广博。苏东坡这首诗，读了二十年，终于找到答案，想想我多高兴。

豆苗嫩时采下，择好，洗净

下佐料：酒、盐、豆豉、葱、姜、橙皮丝

剪蔬先赋立春诗——春

1. 以真麻油热炒

2. 然后用酱、盐来煮

山海兜

　　春天,采摘嫩笋、嫩蕨,在沸水中焯一下;再取鲜鱼、鲜虾,切块,一起用滚水蒸煮,加熟油、酱油、盐,以胡椒粉调和拌匀,用粉皮上下裹住,再一个一个放在相对而扣的小盘子里蒸熟。如今宫廷厨房经常做这道菜,叫作"虾鱼笋蕨兜"。笋、蕨出于山林,鱼、虾来自江海,身世不同,却在砧板碗碟之上携手,贡献了精彩的味道,不失为一场邂逅。还有人单用笋、蕨来做羹,也不错。许棐诗里就写道:"逮着笋、蕨正新鲜的时候,就近借着山野人家厨房一用。这会儿有人要赶去朝里吗?把咱这杯里的好羹带去,也给成功人士分点呗。(趁得山家笋蕨春,借厨烹煮自燃薪。倩谁分我杯羹去,寄与中朝食肉人。)"

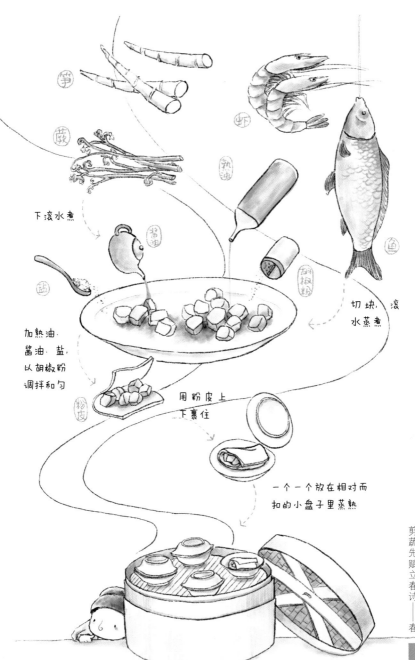

笋

虾

蕨

熟油

下滚水煮

酱油

胡椒粉

盐

加热油、
酱油、盐、
以胡椒粉
调拌和匀

粉皮

鱼

切块、滚
水蒸煮

用粉皮上
下裹住

一个一个放在相对而
扣的小盘子里蒸熟

剪蔬先赋立春诗——春

17

珠荷荐果香寒簟

夏

牡丹生菜

　　宋高宗那位宪圣皇后崇尚清俭，见不得血腥，皇家厨房拌治鲜蔬，一定会用牡丹花瓣配佐，或者用面粉薄薄裹着，用酥油炸。皇后还时常收集杨花絮，用来制作鞋袜、毡褥。皇后恭俭，每逢拌治鲜蔬，用到梅花，务必在树下捡拾，不在枝头采摘，而香味又可想而知。

牡丹

茼蒿

油

面粉

面糊

拌治鲜蔬时配以
牡丹花瓣

用面粉薄薄裹着，
用酥油炸

珠荷荐果香寒簟——夏

荼蘼粥

　　曾蒙赵东岩之子赵蒨夫（字岩云）看得起，寄给我些诗，其中有一首："好春光已虚度三分，满架的荼蘼花正渐次开放。实在没啥好吃的招待朋友，我就剪些还带雨的花枝来吧！（好春虚度三之一，满架荼蘼取次开。有客相看无可设，数枝带雨剪将来。）"起初还疑惑，好像荼蘼花不能吃呀。后来有机会拜访灵鹫寺，探望僧人苹洲德修，留下喝粥，味道特别好，问起来，说是用了荼蘼花。原来做法是这样的：摘来花瓣，在煮沸的甘草水里焯一下，等粥熟时，再下锅同煮。还有一种做法：采荼蘼花的嫩叶，滚水焯过，加姜、油、盐一拌，就有了佐菜。苹洲德修刻苦好诗，想必深知这粥菜的清香滋味，我也因此明白，赵蒨夫的诗所言不虚。

摘来花瓣，在煮沸的甘
草水里焯一下

甘
草

茶
蘼

等粥熟时，
下锅同煮

采茶蘼花的嫩叶，滚
水焯过，加姜、油、
盐一拌，就有了佐菜

姜

油

盐

木
香
叶

23

雪霞羹

采摘木芙蓉，剔去花蕊、花蒂，入滚水，与豆腐同煮，红白交错，宛若雪晴后的霞彩，所以叫作"雪霞羹"。也有加胡椒、姜的吃法。

采摘木芙蓉，
剔去花蕊、花蒂

木芙蓉

豆腐

入滚水，与
豆腐同煮

胡椒

姜

也可以加入
胡椒、姜

珠荷荐果香寒簟——夏

25

莲房鱼包

　　拣较嫩的莲房，除去莲须，削开底部，剜净内瓤，不伤及带孔的一面。用酒、酱、香料调制的酱汁来腌鱼，然后一起填进莲房，再用削下来的底座托住，放进蒸锅蒸熟。也有人在里外都涂上蜂蜜的。出碟时，以渔父三鲜配着。所谓"三鲜"，说的是用莲藕、菊花、菱角腌渍的蘸料。曾经在李春坊的宴席上吃到过这道菜，不能自已，写了首诗："花瓣和草叶细密包裹着，鱼儿为什么藏在里边？纵身入莲房中去，还不是为了早日漂过华池幻身成龙！（锦瓣金蓑织几重，问鱼何事得相容。涌身既入莲房去，好度华池独化龙。）"李老师特高兴，还赠我一枚端砚、五块龙墨。

拣较嫩的莲房，
除去莲须，削开
底部，剔净内瓤

鱼

用酒、酱、
香料调制的
酱汁来腌鱼

莲房

香料

酱油

莲须

然后一起填进莲
房，再用削下来的
底座托住，放进蒸
锅蒸熟

出碟时，以渔父
三鲜配着

莲藕

菊托

寒瓜

珠荷荇果香寒簟——夏

27

蟠桃饭

摘了山桃，用淘米水煮熟，空净，再放进清水，去核，等到饭煮沸，再倒进去同煮，方法一如做焖饭。石延年在海州时的那件逸事曾被苏东坡写进诗里："桃核裹上红泥，再用弹弓散射，如雨珠飞入石间。坐等这空山化为锦绣，光彩流离辉映着天空和大海。（戏将核桃裹红泥，石间散掷如风雨。坐令空山作锦绣，绮天照海光无数。）"这可是种桃妙法。谚语说"桃三李四"：四年结果是李，三年结果是桃。照这说法，三年后就有桃吃喽。

刘延世《孙公谈圃》卷中：

石曼卿谪海州日，使人拾桃核数斛，人不到处，以弹弓种之。不数年，桃花遍山谷。

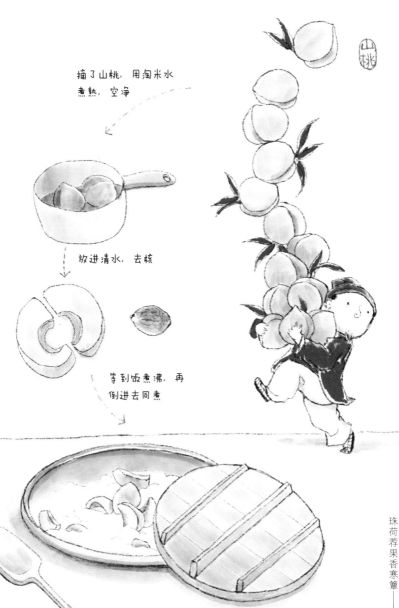

摘了山桃，用淘米水
煮熟，空净

放进清水，去核

等到饭煮沸，再
倒进去同煮

山桃

珠荷荐果香寒簟——夏

大耐糕

向衮先生夏天拉我喝酒，做了这道 "大耐糕"。只听名字，揣测是粉面做成的糕。等端出来，才知道食材是柰果（苹果的古称）。柰果去皮、剜核，用白梅、甘草水焯一下，再用松仁、榄仁和着蜂蜜填在里头，放进蒸锅蒸熟，就有了"柰糕"。如果没蒸熟，吃了可伤脾。名字是取先祖向敏中先生"大耐官职"的意思，真宗皇帝曾用这句话赞许敏中先生宠辱不惊，经得起考验。可以想见，这里寄托着向衮先生楷模先祖品行的意思。天下的读书人，如果能领会这"耐（柰）"字的内涵，事业还怕走不长远吗？索性赋诗一句吧："考验磨砺过父辈，也将赐给我清名。（既知大耐为家学，看取清名自此高。）"《云谷类编》那本书说"大耐官职"的故事本来是关于李沆的，恐怕弄错了。

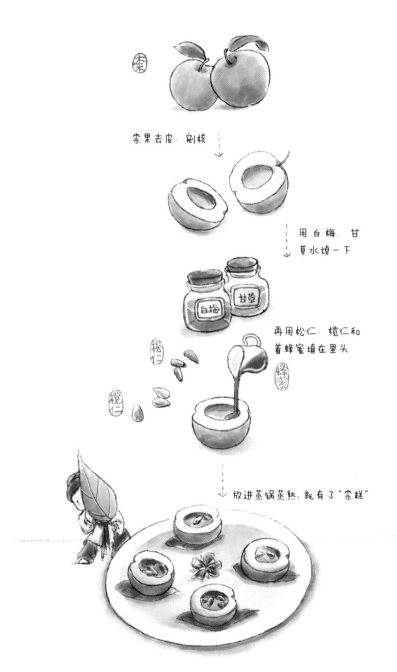

柰果去皮，剔核

用白梅、甘
草水焯一下

白梅　甘草

再用松仁、榄仁和
着蜂蜜填在里头

松仁

榄仁

蜂蜜

放进蒸锅蒸熟，就有了"柰糕"

珠荷荐果香寒簟——夏

31

槐叶淘

杜甫诗里写道："采高槐青叶，付与厨师。新买的面粉，付与槐叶捣出的汤汁。刚刚下锅，就担心起不够吃。（青青高槐叶，采掇付中厨。新面来近市，汁滓宛相俱。入鼎资过熟，加餐愁欲无。）"于此可见这道菜的做法：夏天采摘最好的槐叶，开水稍煮，细碾，滤出汤汁，以此和面，做成凉面。以醋、酱油拌上捣碎的腌菜，搭配细密重叠的面条，摆盘端出，色碧、味鲜，可爱至极。杜甫那首诗的末句说："这晚上纳凉时的小菜，皇帝时不时也得来一口。（君王纳凉晚，此味亦时须。）"可以想见，诗人尝到美味时总惦记着皇帝，皇帝呢，也因这道菜惦记起山林。杜诗啊，还真是美味可餐！

卢元昌《杜诗阐》：

槐叶冷淘，以槐叶为面，冬取其温，夏取其凉。又有槐叶温淘，水花冷淘。

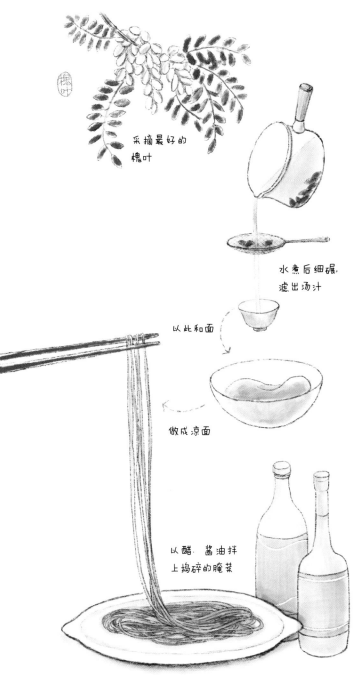

采摘最好的
槐叶

水煮后细碾，
滤出汤汁

以此和面

做成凉面

以醋、酱油拌
上捣碎的腌菜

搭配细密重叠的面条，摆盘端出

傍林鲜

初夏，林中竹笋正盛，刨笋出来，将竹叶扫拢、点燃，就地煨熟，味道特别鲜美，可称作"傍林鲜"。传说文同（字与可）镇守临川时，正和家人煨了笋作午饭，刚吃下一棵，就看到苏东坡来信，信里诗云："估摸着那渭滨千亩青竹，已入你这馋猫太守腹中（想见清贫馋太守，渭川千亩在胸中*）。"文先生读到这儿，忍不住把饭菜喷了一桌。想来说的就是这道菜吧。笋的味道甜而鲜，和肉搭配并不合适。如今大众菜谱里都与肉一起烹制，真是不知道"臭流氓带坏小朋友"的道理。"既慕清雅之名，又要口舌过瘾，世上哪儿有鱼与熊掌兼得的大好事（若对此君成大嚼，世间哪有扬州鹤*）？"——东坡先生诗中所倡意趣已然失落人间了。

苏轼《和文与可洋川园池三十首》其二十四《筼筜谷》：
汉川修竹贱如蓬，斤斧何曾赦箨龙。
料得清贫馋太守，渭滨千亩在胸中*。

苏轼《於潜僧绿筠轩》：
宁可食无肉，不可使居无竹。
无肉令人瘦，无竹令人俗。
人瘦尚可肥，士俗不可医。
旁人笑此言，似高还似痴。
若对此君仍大嚼，世间那有扬州鹤*。

---

*正文所引宋人诗句，完全保留《说郛》本《山家清供》引文原貌，或与今日常见别集、总集本不同。后文例同，不再另作说明。

玉井饭

艺斋先生章鉴主政德清那会儿，虽然身居高位，还是很喜欢请朋友去家里吃饭。但因为怕属下仗势扰民、生出事端，食物多不从市面上购买。有一天，我去拜访，恰逢清净无人，被留下喝了几杯酒。艺斋命下人做了一道"玉井饭"，特别香美。做法如下：将藕削净、切块，新采的莲子去皮，等饭煮沸了，下锅同煮，就和焖饭的做法一样。"玉井"之名，大概来自韩愈那句诗："华山之巅玉井池中，莲花十丈莲藕如船。（太华峰头玉井莲，开花十丈藕如船。）"曾有首诗这样描述过藕："嫩藕一弯如西施之臂，藕中九孔似比干之心。（一弯西子臂，九窍比干心。）"如今杭州范堰产的"斗星藕"，有大孔七枚、小孔两枚，果然成九之数，既然写到藕，也就一并记下来。

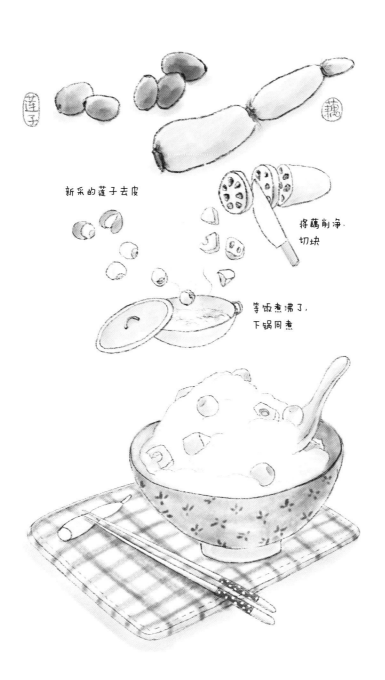

新采的莲子去皮

将藕削净，
切块

等饭煮沸了，
下锅同煮

玉延索饼

山药也叫薯蓣，而秦楚之地称作玉延。山药花白，像枣树花那么细小，叶子青绿，比牵牛叶更尖。趁夏天浇上黄牛粪，就会长得茂盛。到春、冬两季，采摘山药根，色白的最好，泡在水里，加少许白矾，经一晚，洗净，除去黏液，焙干，磨粉，细筛，可和面来做面片。若要做面条，就需细细研磨，加水滤出粉浆，装入细竹筒漏粉，粉浆滑入盛着酸浆的浅盆里，待粉浆凝固后马上捞出，浸入水中，祛除酸味，吃法就像煮面片一样。若要直接煮食，只需去皮，蘸盐或蜂蜜都可以。这东西性温，无毒，补益身体。所以简斋先生陈与义写《玉延赋》，以为山药色、香、味三端都是极品。陆放翁也写过一首诗："老生病就疏远了美酒，守长斋才领略到山药。（久缘多病疏云液，近为长斋进玉延。）"杭州附近多见一种形如手掌的品种，被称作"佛手药"，滋味特别棒。

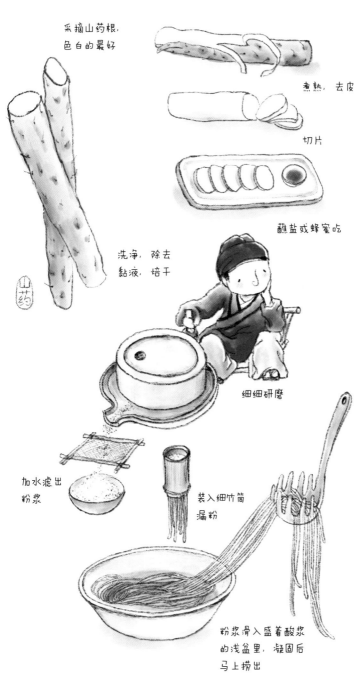

采摘山药根，
色白的最好

煮熟，去皮

切片

蘸盐或蜂蜜吃

洗净，除去
黏液，焙干

山药

细细研磨

加水滤出
粉浆

装入细竹筒
漏粉

粉浆骨入盛着酸浆
的浅盆里，凝固后
马上捞出

一箸鲈鱼直万金

鹅黄豆生

泉州人有这么个习俗，在中元节前，用水泡发黑豆，放在室外，等发出芽来，在盆里垫上糠皮，铺上细沙。先用木板盖住，豆苗冒高之后，改用桶倒扣在上面，早晨掀开晒晒。这么做既为了整齐豆苗高度，也为了避免过多风吹日晒。到了中元节，搬到祖先牌位前。三天后出盆，净洗，水焯，用油、盐、醋、香料拌匀，可用作佐菜，卷在麻饼里尤其美味。色泽浅黄，故名"鹅黄豆生"。我在江淮一带游历了二十年，常因怀念这番味道而心生坟前祭祖之念，动辄扬言分了行李，归隐故园，一偿所愿。

黑豆

在中元节前，用水泡发黑豆，放在室外

等发出芽来，在盆里垫上糠皮，铺上细沙，用木板盖住

细沙 ←

糠皮 ←

豆苗冒高之后，改用桶倒扣在上面

净洗，水焯，用油·盐·醋·香料拌匀，可用作佐菜，卷在麻饼里尤其美味

一箸鲈鱼直万金——秋

广寒糕

采来桂花，摘掉花蒂，洒上甘草水，和米一起舂成粉，炊制成糕。科举考试那一年，读书人都以这样的饯饼互相赠送，取个"广寒高甲"的吉利话。也有人将采来的花瓣一蒸，晒干，制成香，吟诗饮酒时，在古鼎里燃起，尤其清心静雅。童师禹有首诗说："一胆瓶醇醪酿出些诗兴，小半鼎花香浸润着酒香。（胆瓶清酌撩诗兴，古鼎余花晕酒香。）"可以说深得这桂花妙趣了。

采来桂花，摘掉花蒂

桂花

洒上甘草水

甘草

和米一起
舂成粉

米

甘草水

糯米粉

做成糕

紫英菊

菊花又叫治蔷，《本草》里叫作"节花"，陶弘景解释说："菊花有两种：花茎紫色，闻起来香、尝起来甜的，才可以用叶子熬汤；花茎青色而较大，气味苦如蒿的，叫作苦薏，用不成。"如今有这样的做法：春天采摘花苗、叶子，洗净，焯水，加油翻炒两下，煮熟，再放姜、盐熬制，可清心明目；要是加了枸杞叶就更妙了。陆龟蒙《杞菊赋》说："枸杞还没生刺的，菊花还没枯萎的，我这张嘴就不会放过。（尔杞未棘，尔菊未莎，其如予何。）"《本草》记载："枸杞叶长得像石榴叶，更软些，有轻身益气的效用。枸杞果实圆而带刺的，就叫作枸棘，不可药用。"枸杞、菊花这类小玩意儿，稍有差别的就不能吃，何况君子、小人，怎能不仔细甄别呢？

洗净，焯水

菊花菌

春天采摘花苗·叶子

加油翻炒两下

油

煮熟，再放
姜·盐熬制

姜　盐

要是加了枸杞
叶就更妙了

枸杞叶

一箸鲈鱼直万金——秋

47

橙玉生

　　拣较大的雪梨，切成小块，再将橙子捣碎，加入盐、酱油拌匀，可以用来佐酒吧？葛天民那首《尝北梨》说："春意初来总让人感叹万物美好，新鲜的棠梨正降临在山野人家。酸甜之间依稀有故乡的味道，没有落花的春风也让人惆怅。（每到年头感物华，新棠梨到野人家。甘酸尚带中原味，肠断春风不见花。）"虽然并不为写梨，但将《黍离》那样深沉的家国情怀寄托在梨上，不妨录在这里。至于写雪梨的诗，怕是还没有一首能比得上张斗埜那两句："三寸粗布披在身上，一片冰心守在怀中。（蔽身三寸褐，贮腹一团冰。）"那些贫寒出身，但有真才实学的先生们，总该会心一笑吧。

拣较大的雪梨，切
成小块

将橙子捣碎

加盐·酱油拌匀

一箸鲈鱼直万金——秋

蟹酿橙

拣大个儿橙子，削去顶端，剜净果瓤，只留一点汁液，填进蟹膏、蟹肉，将原本连蒂带枝的那块果皮盖回去，放入蒸锅，用酒、醋、水蒸熟，再加点儿醋和盐，上桌！入鼻香，入口鲜，让人满心新酒菊花、香橙螃蟹的兴致。诗人危稹（字巽斋）曾这么总结过蟹的风味："精华藏在核心，那是普遍的道理；精华输送四肢，那是罕见的真谛。（黄中通理，美在其中；畅于四肢，美之至也。）"这本是《周易》里描述君子的格言，用来说蟹倒也合适，而用来说这道蟹酿橙，就更加准确啦。

杜文澜《古谣谚》卷八十四《秋景俗语》：
香橙螃蟹月，新酒菊花天。

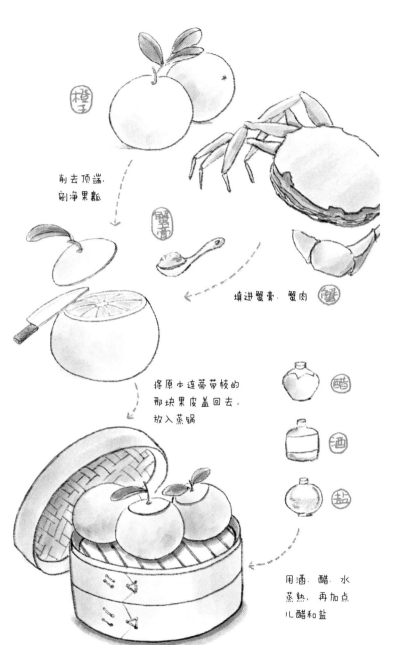

橙王

削去顶端，
剔净果瓤

蟹膏

填进蟹膏、蟹肉 蟹

将原本连蒂带枝的
那块果皮盖回去，
放入蒸锅

醋

酒

盐

用酒、醋、水
蒸熟，再加点
儿醋和盐

石榴粉

　　将藕切作小块，在砂器内磨圆棱角，用梅子水和胭脂染上色，再以绿豆粉拌匀，下清水煮，盛出来就像石榴籽儿一样。又有另一种做法：将熟笋细切成丝，也和绿豆粉一起煮，被称作"银丝羹"。这两种做法怕是有互相模仿的嫌疑，就一并写在这里。

将藕切作小块

将熟笋细切成丝

以绿豆粉拌匀

在砂器内磨圆棱角，用梅子水和胭脂染上色

下清水煮

盛出来就像石榴籽儿一样

椿根馄饨

刘禹锡煮樗（臭椿）根馄饨皮的方法是这样的：立秋前后，痢疾、腰痛的毛病易犯。取椿根（臭椿根皮）一大把，捣碎，筛细，和面，做成馄饨，捏作皂荚子大小，用清水煮。每天空腹吃十个，别无禁忌。山野人家早上有客人来，总先以这样十多枚馄饨来招待，不但有益健康，还很充饥耐饿。香椿木质地密实、叶子气味香，臭椿则分量轻、气味臭，唯独根是可用的。

《证类本草》卷十四 "椿木叶"：

唐刘禹锡着樗根馄饨法云：每至立秋前后即患痢，或者水谷痢兼腰疼等。取樗根一大两，捣筛，以好面捻作馄饨子，如皂荚子大，清水煮。每日空腹服十枚。并无禁忌，神良。

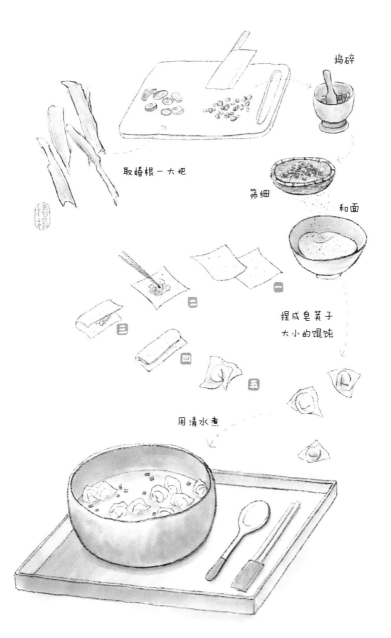

捣碎

取椿根一大把

筛细

和面

捏成皂荚子
大小的馄饨

用清水煮

一箸鲈鱼直万金——秋

55

持螯供

蟹和蟹有不同：江里的，色黄、味腥；湖里的，青红、味香；溪里的，色黑、味纯。江淮以北捕捞过度，螃蟹往往肉不饱满而蟹壳中空。好在辛卯年，专事文墨的钱震祖（字谦斋）先生回到苏州来，秋天去探望，我们一起喝酒、品鉴文章，像年轻时一样不知疲倦。留在他那儿十余天，每天雷打不动地一早去买蟹，一定要选团脐的，煮熟后用酒、醋配佐，撒上葱、芹菜。螃蟹肚子朝天放置，等膏黄凝住，一人拿一个，痛饮大嚼，有如在湖畔海边诗酒娱情。市面上的厨子，也不是不懂什么是好吃，可做螃蟹难免失去本真风味。唯有用橙子、醋，才能使其蕴藉的真味发挥出来。钱先生还说："团脐的吃膏，尖脐的啃螯。秋风吹起时候，团脐蟹最肥美。真吃货徒手，没必要拿刀。配上青蒿熬成粥，喝上几碗都不饱。"又引黄庭坚的诗说："金一般的皮囊、玉一般的内瓤，是肚子；一弯天上月亮、一弯水中月亮，似两螯。（一腹金相玉质，两螯明月秋江。）"好诗正足以验证美味。"真吃货徒手，没必要拿刀"，于此可见钱先生的风范。还有人说道："螃蟹总是躲避晨雾，此时正好布筐来捉。清水煮熟洒上些醋，普天之下谁能抗拒？"一并记录在此，供吃蟹时参考。

《世说新语·任诞》：

毕茂世云："一手持蟹螯，一手持酒杯，拍浮酒池中，便足了一生。"

一箸鲈鱼直万金——秋

锦带羹

　　锦带，又叫文冠花，花枝呈条状，像锦带一般。叶子刚生出来时，柔嫩又爽脆，最适合熬羹。杜甫诗里说"闻闻锦带羹才懂得什么是香呢（香闻锦带羹）"，可不是没有道理的。也有人说，这锦带是指莼菜，莼菜也是弯曲缠绕犹如锦带的样子；况且杜甫那首诗里并述锦带与雕菰（茭白），而莼菜与雕菰恰恰同生在水滨。史书上不是说，晋代张翰见秋风起而感触，非莼菜、鲈鱼的味道就不能顺气。《本草》里讲：莼菜、鲈鱼一起煮羹，可以顺气、止呕。由此可知，张翰当时抑郁、气闷，动不动犯呕欲吐，故而才想吃莼菜、鲈鱼。而杜甫写诗时正卧病于江阁，怕也因此才会有一样的念头。所以，"锦带羹"的"锦带"到底是不是文冠花，实在说不准。我在山里住的时候，倒真见过用文冠花熬的羹，味道也不差。《本草》旧注把"锦带"解释为吐绶鸡，可就差太远了。

　　杜甫《江阁卧病走笔寄呈崔卢两侍御》：
　　客子庖厨薄，江楼枕席清。
　　衰年病只瘦，长夏想为情。
　　滑忆雕菰饭，香闻锦带羹。
　　溜匙兼暖腹，谁欲致杯罂。

一箸鲈鱼直万金——秋

雕
菰
饭

雕菰的嫩茎就是茭白，叶子像芦苇，籽色黑，杜甫留下过这样的诗句："雕菰丛荡漾如黑云如水波翻滚（波翻菰米沉云黑）"，今天也叫它胡穄。雕菰籽晒干，去壳，洗净，可蒸米饭，香味馥郁，口感润滑。杜甫诗里不是说过么："尝一口雕菰饭才明白什么叫滑呢（滑忆雕菰饭）。"还有个故事：会稽人顾翱，对母亲特别孝顺。母亲爱吃雕菰饭，顾翱就经常自己去采雕菰，回来做。他家离太湖很近，后来湖边竟全是雕菰，没有一点杂草，据说就是因这份孝顺感动上苍了。世上那些待自己实诚、待父母寡情的人，知道这事儿该感到羞愧了吧？唉，孟宗哭竹生笋、王祥卧冰求鲤的事儿并不只是传说呀！

杜甫《秋兴八首》之七：
昆明池水汉时功，武帝旌旗在眼中。
织女机丝虚夜月，石鲸鳞甲动秋风。
波漂菰米沉云黑，露冷莲房坠粉红。
关塞极天惟鸟道，江湖满地一渔翁。

晒干，去壳，洗净，
可蒸米饭

一箸鲈鱼直万金——秋

掇叶餐花照冰井

冬

梅花汤饼

泉州有座紫帽山，山中有位高人，曾做过这道菜。先用浸了白梅子和檀香末的水来和面，做成馄饨皮的样子。再用五瓣梅花样的铁模子搋压，凿出一叠叠梅花。煮熟后，浸入清鸡汤。一碗二百余枚花瓣，尝过一次就再忘不掉梅花。当地诗人玉堂先生留元刚这么写过："这清绝的滋味，让人恍惚间化身孤山下一魄白玉，飞浮于西湖波头之上三尺的地方。（恍如孤山下，飞玉浮西湖。）"

用浸了白梅子和檀
香末的水来和面

做成馄饨皮的样子

叠成叠儿

用梅花样的
铁模子摁压

煮熟后浸入
清鸡汤

梅粥

扫拢庭中落梅，收起，洗净。用雪水煮白粥，粥熟时，将花瓣入锅同煮。杨万里写诗说："刚刚挺过春寒的腊梅，还是雪花一样随风落下。舍不得这落花残蕊就熬成粥吧，或作熏香燃烧了也好。（才看腊梅得春饶，愁见风前作雪飘。晚蕊收将熬粥吃，落英仍好当香烧。）"

清顾仲《养小录》：

暗香粥：落梅瓣以绵包之，候煮粥熟，下花再一滚。

扫拢庭中落梅，
收起，洗净

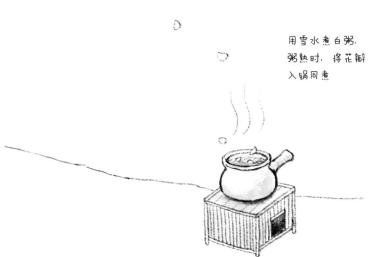

用雪水煮白粥，
粥熟时，将花瓣
入锅同煮

掇叶餐花照冰井——冬

蜜渍梅花

　　杨万里写过一首诗：从一罐雪水里汲取初春寒意，这梅花又裹上了清露与蜜汁。诗里不写人间烟火百种滋味，怎么成为杜甫那样好牙口的大诗人？（瓮澄雪水酿春寒，蜜点梅花带露餐。句里略无烟火气，更教谁上少陵坛。）剥好白梅果肉，不需太多，浸在雪水中，以梅花酿造，经一晚露水，取出梅肉，用蜂蜜腌渍，特别适合佐酒。古人敲下雪块融了煮茶，今儿咱们就着露水酿梅子梅花，论风雅，毫不逊色。

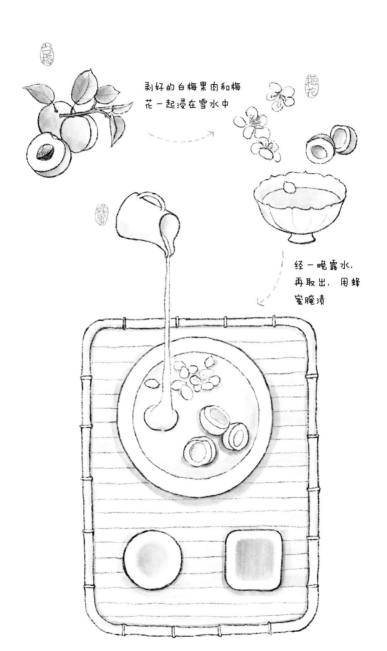

剥好的白梅果肉和梅花一起浸在雪水中

经一晚露水，再取出，用蜂蜜腌渍

掇叶餐花照冰井—冬

69

胜肉铗

笋和蘑菇在滚水中一焯，切碎，放松子、核桃，下酒、酱油、香料，和面做成饼。要看蘑菇有没有毒，就切几片姜一起煮，颜色不变的就可食。

[注] 误食毒菌致死率极高，而书中的这种方法并不能鉴定蘑菇是否有毒。

在滚水中一
焯，切碎

在滚水中一
焯，切碎

放松子、核桃，下酒、酱油、
香料，和面做成饼

酥黄独

雪夜，芋头刚做熟，嗜芋如命的田从简拎着酒来敲门，索性端出来一起吃了。这家伙还说："煮芋头的方法很多，唯独'酥黄'这一种世上罕见。"怎么个做法呢？芋头煮熟，切片，裹上面，蘸着细磨的榧子、杏仁油煎。此招甚妙，田从简颇以此自夸。有诗说得好："夜雪在冰碗中破碎成节节美玉，春寒酥脆被修剪作段段金丝。（雪翻夜钵截成玉，春化寒酥剪作金。）"

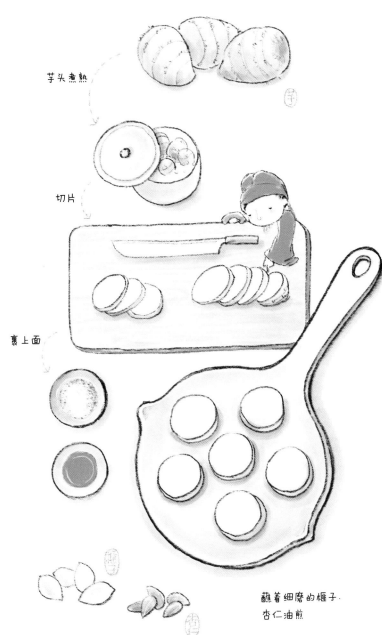

芋头煮熟

切片

裹上面

蘸着细磨的榧子·
杏仁油煎

掇叶餐花照冰井——冬

73

牛蒡脯

初冬之后，采摘牛蒡根，洗净，去皮，水煮，可别煮过头。捞起来捶扁、压干，细磨盐、酱油、茴香、莳萝、生姜、花椒、熟油各种佐料，浸泡一两晚，焙干，然后可食，有肉脯的滋味。笋脯、莲脯，做法与此相同。

李时珍《本草纲目》卷十五：

牛蒡，古人种子，以肥壤栽之。剪苗杓淘为蔬，取根煮曝为脯，云甚益人，今人亦罕食之。三月生苗起茎，高者三四尺。四月开花成丛，淡紫色。结实如枫梂而小，萼上细刺百十攒簇之，一梂有子数十颗。其根大者如臂，长者近尺，其色灰黪。七月采子，十月采根。

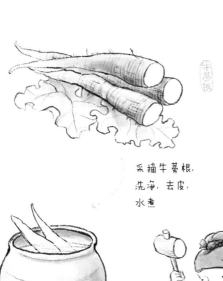

采摘牛蒡根，
洗净，去皮，
水煮

捞起来捶
扁，压干

细磨各种佐料，
浸泡一两晚

培干，然后可食

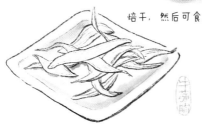

掇叶餐花照冰井——冬

土芝丹

大个儿的芋头也叫土芝，用湿纸包裹，涂上热过的酒和糟，以糠皮烧火炙烤，等香味一出、内外熟透，就取出，撂地上，去了皮，趁热吃。若放凉，吃了破血；若加盐，吃了泄精。因其温补的效用，可称作"土芝丹"。有个传说：唐代那位懒残禅师（明瓒），正以牛粪烧火烤芋头时，有人来请，他拒绝道："冻出鼻涕还顾不上收拾，哪还有工夫搭理那些俗人。（尚无情绪收寒涕，那得工夫伴俗人。）"又有山居之人写诗说："夜深守着炉火，全家团圆围坐。芋头已经烤熟了，皇上我才不稀得。（深夜一炉火，浑家团围坐。煨得芋头熟，天子不如我。）"可见这些人对待芋头何等狂热。

小个儿的芋头呢，就晒干，放进瓮中，等到冬天，用稻草火焖熟，色泽、味道都可比栗子，故而又称作"土栗"，正适合山居之中围炉而坐时端出来。两山先生赵汝唫诗里说："这不是碗中生云这是水煮芋头！这不是落在眉上的雪这是茅草燃起的烟！（煮芋云生钵，烧茅雪上眉。）"想必出自亲眼所见，不是随便说说。

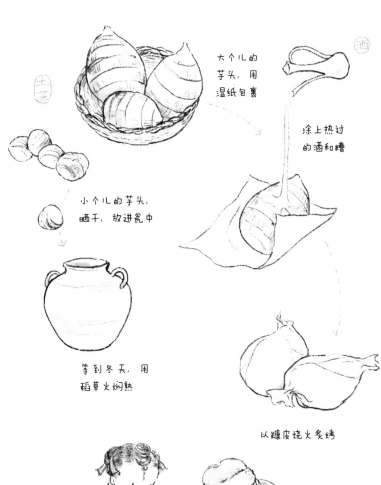

大个儿的
芋头，用
湿纸包裹

涂上热过
的酒和糟

小个儿的芋头，
晒干，放进瓮中

等到冬天，用
稻草火焖熟

以糠皮烧火炙烤

香味一出，内外熟透，
去了皮，趁热吃

掇叶餐花照冰井——冬

四时佳兴与人同

四季皆宜

碧筒酒

趁暑天，叫人行舟到水中莲花茂盛处，将酒倒在一片荷叶上，包好，再取另一片叶子包上腌鱼。待回程时，一路风熏、日烤，酒已温，鱼也香，各自打开，即时享用，真是惬意。苏东坡写道："白酒在中空的叶茎流淌，一段青绿色的旅程划出象鼻那样的弧度，终于带来莲心才有的微苦。（碧筒时作象鼻弯，白酒微带荷心苦。）"想来，苏东坡守杭州城时，没少享受过这道风味吧。

将酒倒在一片
荷叶上，包好

再取另一片叶子
包上腌鱼

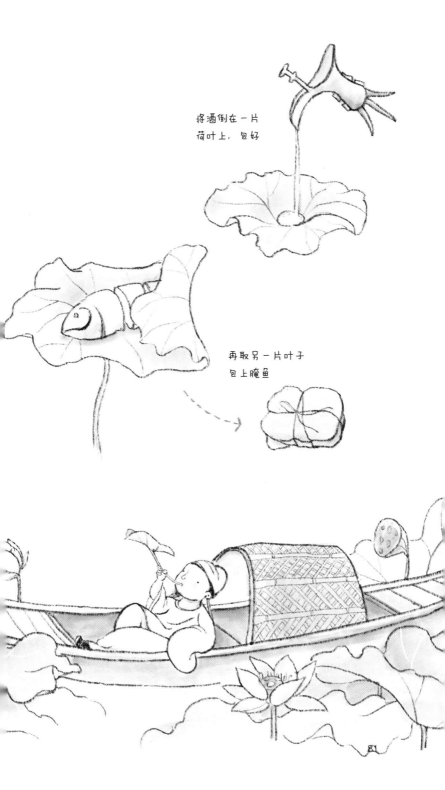

香圆杯

　　世家子弟谢益斋，不爱喝酒，还说过"绝不沾酒，只看人醉（不饮但能看醉客）"的话。某天写字、抚琴乏了，让左右仆从横剖一只香圆（即香橼），当作两只酒杯，倒进温过的御赐美酒，以此劝人多喝。清香缭绕，便是纯金好玉制成的杯盏比起来也不值一提了。香圆，像瓜，色黄，是闽南所产的一种水果。这东西能列进帝都大户人家的菜单，还是有人识货呀。

香櫞

横剖一只香圆

挖空果瓤

当作两只酒杯,
清香缭绕

沆瀣浆

雪夜，张一斋请人喝酒。酒到酣处，在礼宾司做事的何时峰先生拿出一瓢叫"沆瀣浆"的东西，和大家分享，醉酒的难受劲儿顿时消散。有人问是怎么做的啊，他说是皇宫里的做法，无非把甘蔗、萝卜切块，一起水煮烂罢了。想来甘蔗能化酒，萝卜能化食的缘故吧。酒后有了它，还有啥好怕。《楚辞》里说到的"蔗浆"，怕就是这一瓢吧！

《楚辞·招魂》：

胹鳖炮羔，有柘浆些。

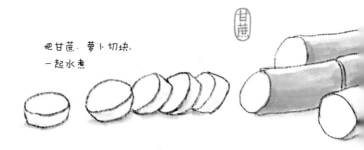

把甘蔗、萝卜切块，
一起水煮

甘蔗

酒煮菜

　　鄱江的士友拉着我喝酒，席间端上一道"酒煮菜"。说起来也不是"菜"：用酒煮鲫鱼。他还有说法："鲫鱼啊，粮食变的，用酒来煮，大有好处。"不过这硬把鱼叫菜，我心里老觉着不妥，后来看到赵与时《宾退录》的记载才知道，按着靖州风俗，丧事中不吃肉，只好指"鱼"为"菜"，湖北就叫作鱼菜。杜甫那首《白小》也写过："细细的小银鱼，按风俗都叫菜蔬。（细微沾水族，风俗当园蔬。）"我这才相信鱼就是菜。赵与时这人好古博雅，难怪了解得如此详细。

　　杜甫《白小》：

　　白小群分命，天然二寸鱼。

　　细微沾水族，风俗当园蔬。

　　入肆银花乱，倾筐雪片虚。

　　生成犹拾卵，尽取义何如。

酒煮玉蕈

　　新鲜的玉蕈洗净，水煮，快熟时，再换用好酒来煮。有人用临漳的绿竹笋来搭配，效果尤其好。施枢（字芸隐）写过一首《玉蕈》，诗里说："腐木孕育的生机，送给口舌的礼物。幽远山林才有的滋味，人间难得这一次烟火。满溢的香气烘托着伞叶，这神奇的生物在枝头萌动。贪吃鬼们有福了，写一首诗够不够抵上这道菜的价格？（幸从腐木出，敢被齿牙私。信有山林味，难教世俗知。香痕浮玉叶，生意满琼枝。饕腹何多幸，相酬独有诗。）"如今宫廷厨房更常用炙烤焙酥的做法加工玉蕈，那滋味也绝对禁得起回味。

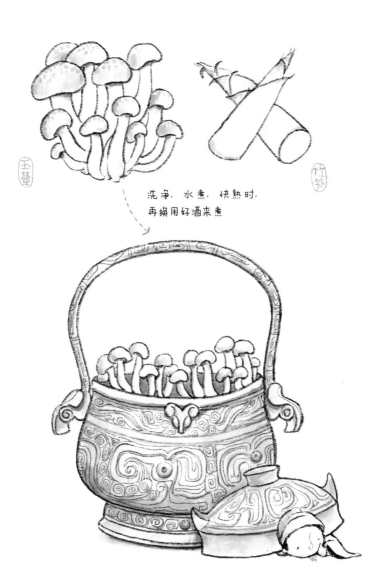

玉蕈

竹笋

洗净，水煮，快熟时，
再换用好酒来煮

用临漳的绿竹笋来搭
配，效果尤其好

黄金鸡

李白诗里说："杯里满溢销魂的绿酒，盘中囤积金子似的鸡肉。（堂上十分绿醑酒，杯中一味黄金鸡。）"黄金鸡的做法如下：滚水烫鸡，将毛去净，用麻油、盐水煮，下葱、花椒，煮熟后，斩作肉丁，汤汁留备他用。有人以这菜下酒，寻个"白酒初熟、黄鸡正肥"的乐趣。如今常见的新派做法或川炒统统不对，失去了鸡肉原本的滋味，山野人家是不肯那么做的。每想到茅容留着鸡肉奉养母亲，而以素菜待客，就觉得真是孝顺。（《本草》有记载：鸡肉有小毒，补气虚，治遗精。）

苏轼《东坡志林·道释》：

僧谓酒为"般若汤"，谓鱼为"水梭花"，鸡为"钻篱菜"，竟无所益，但自欺而已，世常笑之。人有为不义而文之以美名者，与此何异哉！

滚水烫鸡, 择毛去净

用麻油、盐水煮,
下葱、花椒

花

葱

盐

麻油

煮熟后,
斩作肉丁

汤汁留备他用

假煎肉

瓠子和面筋切作薄片，分别加调料和匀，用籽油煎面筋，用脂油煎瓠子，然后熬好葱油，加酒，下锅一起炒。瓠子和面筋同熟，不仅仅口感像肉，滋味也无法分辨。吴璃先生宴请宾客时有这道菜，怕是此后才为人所知。吴先生是贵族，皇后家人，却爱与山林为友，尤其喜好这类清雅滋味，可谓有德行了！他曾制作一面小小的青锦屏风，画的是鹁鸟山水，又在瓶中簪一枝古梅，枝头几朵梅花，放在座位旁边，坐立不忘梅花。一天晚上，与朋友分题赋诗，除了孙贵蕃、施游心两位，我也有幸在场。我分到心字《恋绣衾》，即席赋诗："冰肌生怕雪未禁，翠屏前、短瓶满簪。真个是、疏枝瘦，认花儿、不要浪吟。等闲蜂蝶多休惹，暗香来、时借水沉。既得个、厮偎伴，任风霜、尽自放心。"在座几位所作都比我好，可惜已不记得。每分题到人，一定先喝一大杯酒，可谓"发符酒"，然后再乘兴吟咏，到深夜才散去。如今吴家后生都很有出息，特别高兴，所以一并写在这里。

面筋

用籽油煎　　　切作薄片　　　切作薄片

钵子

用脂油煎

葱末入油
炸香，得
到葱油

芝

加酒，下锅一起炒

不仅仅口感像肉，滋味也无法分辨

银
丝
供

　　张镃先生，雅号约斋，喜欢结交江湖逸士，请来家中做客。有天中午，喝过几杯酒，张先生让侍从做一道"银丝供"上来，还特别提醒："要调得和谐适当，还得保留真味。"客人不知又是什么美味佳肴。过了好一会儿，搬来一张琴，琴师上前，弹奏了一曲《离骚》。大家伙儿这才明白，"银丝"说的是琴弦；"调得和谐适当"，是说调弦正音；"得保留真味"，当是取陶渊明琴书中有真味的意思。张先生来自南渡中兴的功勋家族，还能懂这琴书真味，真是才德兼备啊。

　　陶潜《归去来兮辞》：
　　悦亲戚之情话，乐琴书以消忧。

《山家清供》原文

〔宋〕林洪

校勘说明

　　《谁谓荼苦》是对宋代林洪《山家清供》一书的节选和翻译。翻译之前，整理者对全书做了校勘。

　　《山家清供》今以《说郛》本与《夷门广牍》本最为常见。《说郛》一百卷是元末陶宗仪所编丛书，后经明代陶珽重编为一百二十卷。因其体例本为荟集丛残，又经改动，已失原貌，《说郛》本《山家清供》或被视为劣本，故而今天所见《山家清供》整理本多以《夷门广牍》本为底本。然而在将两本进行比勘后，整理者发现《夷门广牍》本刊刻讹误尤多，还有不少因不解《说郛》本文字而做出的误改。因此，这次整理以中国书店影印涵芬楼本《说郛》所收《山家清供》为底本，此《说郛》为近人张宗祥以多部明抄本校辑而成，尽量恢复了陶宗仪百卷本原貌。同时，取《夷门广牍》本与底本对校，校记中称为甲本。

　　此外，整理者在学术数据库中发现一册抄本《山家清供》。此本抄纸印有方格，当系近人所抄。但抄本末尾跋语云："丁未孟冬三日借梁溪谈、梁文世文本校。清常。"据此可知，此抄本应系过录明末藏书家赵开美（晚年又名琦美，号清常道人）的本子而来，题记中的"丁未"，应为明万历三十五年（1607）。梁溪谈亦为万历年间著名藏书家。此本虽较《夷门广牍》本（1597）略晚，但文字有胜于底本、甲本处，而此前整理者从未利用到，因此入校，校记中称为乙本。

校勘中，取存古原则，尽量保留底本原貌：凡底本存在脱讹衍倒，需据校本或其他材料改动时，皆出校说明；凡遇异文两可时，不改底本，将校本异文录于校记。

本书正文仅为《山家清供》一书的节译，为使有兴趣的读者了解原书全貌，附录中完整收录了《山家清供》全文，但对原书的条目顺序作了重新编排。已选译的条目，按照本书正文的章节和顺序排列，以便读者对照查阅；未选译部分则一并附在最后，其先后次序仍如原书。

剪蔬先赋立春诗——春

【檐卜煎（又名瑞木煎）】

旧访刘漫塘（宰），留午酌，出此供，清芳极可爱。询之，乃栀子花也。采大者，以汤焯过，少干，用甘草水和稀面，拖油煎之，名"檐卜煎"。杜诗云："于身色有用，与道气相和。"今既制之，清和之风备矣。

【碧涧羹】

芹，楚葵也，又名水英。有二种：荻芹取根，赤芹取叶与茎，俱可食。二月、三月作英时采之，入汤，取出，以苦酒研芥子[1]，入盐，与茴香渍之，可作菹。惟瀹而羹之者，既清而馨，犹碧涧然。故杜甫有"香芹碧涧羹"之句。

1　"芥子"二字，甲本作"芝麻"。

或者以芹（微草）也²，杜甫何取焉而诵咏之不暇？不思野人持此，犹欲以献于君者乎！

【菊苗煎】

春游西马塍，会张将使、元耕轩³，留饮，命余之菊田赋诗⁴，作《墨兰》，元甚喜，数杯后，出菊煎法：采菊苗，汤瀹，用甘草水调山药粉，煎之以油，爽然有楚畹之风。张，深于药者，亦谓"菊以紫茎为正"云。

【苜蓿盘】

开元中，东宫官僚清淡，薛令之为左庶子，以诗自悼曰："朝日上团团，照见先生盘。盘中何所有？苜蓿长阑干。饭涩匙难滑，羹稀箸易宽。以此谋朝夕，何由保岁寒？"上幸东宫，因题其旁，有"若嫌松桂寒，任逐桑榆暖"之句。令之皇恐，谢病归。每诵此诗，未知为何物。偶同宋雪岩（伯仁）访郑垫钥⁵，见所种者，因得其种并法。其叶绿紫色，而茎长或丈⁶。采用汤焯油炒，姜、盐如意，羹、茹皆可。风味本不恶，令之何为厌苦如此？东宫官僚，当极一时之选，而唐世诸贤见于篇什，皆为左迁。令之寄兴，恐不在此盘。宾僚之选，至起"食无鱼"之叹。上之人乃讽以去，吁，薄矣！

【蒿蒌菜】

旧客江西林谷梅（山房子少鲁，号谷梅）山房书院，春时多食此。采嫩茎⁷，去叶，汤焯，用油、盐、苦酒沃之为茹；

---

2 "以"，底本原作"为"，据甲本改。"微草"二字，底本无，据甲本、乙本补。
3 "耕"，底本原作"耘"，据甲本改。
4 "余之"二字，底本原作"子芝"，甲本作"余"，据乙本改。
5 "郑垫钥"，甲本作"郑垫野钥"，乙本作"郑垫墅钥"，"野""墅"皆系因"垫"字而衍。其人失考。
6 "其叶绿紫色而茎长或丈"，甲本作"其叶绿紫色而灰，长或丈余"，乙本作"其叶绿紫色而灰（一作尖），长或丈（一作尺）"，"灰"字当系与"茎"字形近而讹。
7 "采"，底本原作"草"，据甲本、乙本改。

或加以肉，香脆良可爱。后归京师，春辄思之。偶与李竹垞制机伯恭邻，以其江西人，因问之。李云："《广雅》云：莪蒿，生下田，江西用以羹鱼。陆《疏》云：叶似艾，白色，可蒸为茹。即《汉广》'言刈其蒌'之'蒌'矣。"山谷诗云："蒌蒿数箸玉簪横。"及证以诗注，果然。李乃怡轩之子，尝从西山问宏辞，多识草木，宜矣。

【百合面】

春秋仲月，采根，曝干，捣筛，和面作汤饼，最益血气。又蒸熟，可以佐酒。《岁时广记》：二月种，法宜鸡粪。《化书》[8]："山蚯化为百合。乃宜鸡粪，岂物类之相感哉？"

【元修菜】

东坡有巢故人《元修菜》诗，每读"豆荚圆而小，槐芽细而丰"之句，未尝不冥搜畦垄间，必求其是。时询诸老圃[9]，亦罕能道者。一日，永嘉郑文干归自蜀[10]，过梅边，首叩之，答曰："蚕豆也。俗亦号疏豆也，蜀人谓之巢菜。苗叶嫩时，可采以为茹。择洗，用真麻油热炒，乃下酱盐，煮之。春尽，苗叶老，则不可食。坡所谓'点酒下盐豉，缕橙芼姜葱'者，正庖法也[11]。"君子耻一物不知，必游历久远，而后见闻博。读坡诗二十年，一日得之，喜可知也。

【山海兜】

春采笋、蕨之嫩者，以汤瀹之，取鱼虾之鲜者，同切作块子，用汤泡滚蒸，入熟油、酱、盐，研胡椒拌和，以粉皮盛覆[12]，各合于二盏内蒸熟[13]。今后苑多进此，名"虾鱼笋

---

8 "化书"二字，底本缺，据甲本、乙本补。
9 "时"，底本原作"诗"，据甲本、乙本改。
10 "干"，底本原作"千"，据甲本、乙本改。
11 "庖"，底本原作"炮"，据甲本、乙本改。
12 "盛"，底本原作"乘"，据乙本改。
13 "用汤泡"至"内蒸熟"间二十八字，甲本作"用汤泡裹蒸熟，入酱油、麻油、盐，研胡椒同蒌豆粉皮拌匀，加滴醋"。

蕨兜"。今以所出不同，而得同于俎豆间，亦一良遇也。每山海兜[14]，或即羹以笋、蕨，亦佳。许梅屋诗云："趁得山家笋蕨春，借厨烹煮自燃薪。倩谁分我杯羹去，寄与中朝食肉人。"

珠荷荐果香寒簟——夏

【牡丹生菜】

宪圣喜清俭，不嗜杀，每令后苑进生菜，必采牡丹片和之，或用微面裹，炸之以酥。又时收杨花为鞋袜毡褥之用。至恭俭[15]，每治生菜，必于梅下取落花以杂之，其香又可知矣。

【荼蘼粥（木香菜附）】

旧辱赵东岩子岩云（瓒夫）寄诗[16]，中有一诗云："好春虚度三之一，满架荼蘼取次开。有客相看无可设，数枝带雨剪将来。"始疑荼蘼非可食者。一日过灵鹫，访僧苹洲德修，午留，粥甚香美，询之，乃荼蘼花也[17]。其法：采花片，同甘草汤焯，候粥熟同煮。又，采木香嫩叶，就元汤焯，以姜、油、盐为菜茹。僧苦嗜吟，宜乎知此味之清，且知岩云之诗不诬也。

【雪霞羹】

采芙蓉花，去心、蒂，汤瀹之，同豆腐煮，红白交错，恍如雪霁之霞，名"雪霞羹"。加胡椒、姜亦可也[18]。

---

14 "每山海兜"四字，甲本、乙本无。
15 "俭"，底本原作"傊"，据甲本改。
16 "赵东岩子岩云"，底本、乙本作"赵东岩云子"，据甲本改。
17 "蘼"，底本缺，据甲本、乙本补。
18 "姜"，底本原作"萱"，据甲本、乙本改。

【莲房鱼包（渔父三鲜，莲、藕、菱汤瀹也）[19]】

莲花中嫩房去须，截底剜穰，留其孔，以酒、酱、香料和鱼块实其内，仍以底坐，甑内蒸熟。或中外涂以蜜。出碟，用渔父三鲜供之。向在李春坊席上曾受此供，得诗云："锦瓣金蓑织几重，问鱼何事得相容[20]。涌身既入花房去，好度华池独化龙。"李大喜，送端研一枚、龙墨五笏。

【蟠桃饭】

采山桃，用米泔煮熟，漉置水中，去核，候饭涌，同煮顷之，如盦饭法。东坡用石曼卿海州事诗云："戏将核桃裹红泥，石间散掷如风雨。坐令空山作锦绣，绮天照海光无数。"此种桃法也。桃三李四，能依此法，越三年，皆可饭矣。

【大耐糕】

向杭云公衮夏日命饮，作大奈糕，意必粉面为之。及出，乃用大奈子生者，去皮剥核，以白梅、甘草汤焯[21]，用蜜和松子、榄仁填之，入小甑蒸熟，谓奈糕也。非熟则损脾。且取先公"大耐官职"之意，以此见向有意于文简之衣钵也。夫天下之士，苟知耐之一字，以节义自守，岂患事业之不远到哉！因赋之曰："既知大耐为家学，看取清名自此高。"《云谷类编》乃谓"大耐"本李沆事，或恐未然。

【槐叶淘】

杜甫诗云："青青高槐叶，采掇付中厨。新面来近市，汁滓宛相俱。入鼎资过熟，加餐愁欲无[22]。"即此见此法[23]：于夏采槐叶之高秀者，汤少瀹，研细，滤清，和面作淘。乃

19 "菱"，底本原作"羹"。甲本此句在正文"用渔父三鲜供之"一句后，且作"三鲜，莲、菊、菱汤瀹也"，可知此处"羹"当作"菱"，因据改。
20 此诗底本原作"锦瓣金房织几重，游鱼何事得相容"，据甲本、乙本改。
21 "焯"，底本原作"炒"，据甲本、乙本改。
22 "加"，底本原作"如"，据甲本改。
23 "此法"，甲本皆作"其法"。

以醯酱为熟齑[24]，簇细茵[25]，以盘行之，取其碧鲜可爱也。末句云："君王纳凉晚，此味亦时须。"不惟见诗人一食未尝忘君，虽贵为君王[26]，亦令知山林之味[27]。旨哉，诗乎！

【傍林鲜】

夏初，林笋盛时，扫叶就竹边煨熟，其味甚鲜，名曰"傍林鲜"。文与可守临川，正与家人煨笋午饭，既食，忽得东坡书[28]，诗云："想见清贫馋太守，渭川千亩在胸中。"不觉喷饭满案，想作此供也。大凡笋味甘鲜，不当与肉为友。今俗庖多杂以肉，不思"才有小人，便坏君子"？"若对此君成大嚼，世间哪有扬州鹤。"——东坡之意微矣。

【玉井饭】

章艺斋（鉴）宰德清时，虽槐古马高，尤喜延客，然饭食多不取诸市，恐旁缘而扰人。一日，往访之，适有蝗不入境之处，留以小酌数杯[29]，命左右造玉井饭，甚香美。法：削藕截作块，采新莲子，去皮，候饭少沸，投之，如盦饭法。盖取"太华峰头玉井莲，开花十丈藕如船"之句。昔有藕诗云："一弯西子臂，九窍比干心。"今杭都范堰经进斗星藕，大孔七、小孔二，果有九窍，因笔及之。

【玉延索饼】

山药名薯蓣，秦楚间名玉延。花白细如枣；叶青，锐于牵牛。夏月，溉以黄牛粪则蕃。春冬采根，白者为上，以水浸之，入矾少许，经宿，净洗去涎，焙干，磨筛为面，宜作汤饼用。如作索饼，则熟研，滤为粉，入竹筒中，溜于浅醋盆内，出

24 "为熟斋"三字，底本原作"熟蒸"，不通，据甲本改。
25 "茵"，底本原作"苗"，意不通。甲本作"茵"，据改。
26 "虽"，甲本作"且知"
27 "令知"二字，甲本作"珍此"。
28 "忽"，底本原作"勿"，据甲本改。
29 "小"，底本、甲本作"晓"，当系音近而误，此据文意改。乙本作"晚"，则因"晓"字而又妄改，亦非。

之，于水浸去酸味[30]，如煮汤饼。如煮食，惟刮去皮，蘸盐、蜜皆可。其性温，无毒，且有补益。故陈简斋有《玉延赋》，取色、香、味为三绝。陆放翁亦有诗云："久缘多病疏云液，近为长斋进玉延。"比于杭都，多见如掌者，名"佛手药"，其味尤佳也。

一箸鲈鱼直万金——秋

【鹅黄豆生】

温陵人前中元数日，以水浸黑豆，曝之及芽，以糠皮置盆内，铺沙植豆，用板压，及长，则覆以桶，晓则晒之，欲其齐而不为风日侵也。中元则陈于祖宗之前，越三日出之，洗，焯，渍以油、盐、苦酒、香料，可为茹。卷以麻饼尤佳。色浅黄，名"鹅黄豆生"。仆游江淮二十秋，每因以起松楸之念[31]，将赋归来，以偿此一大愿也。

【广寒糕】

采桂英，去青蒂，洒以甘草水，和米舂粉炊作糕，大比岁，士友咸作饯子相馈，取"广寒高甲"之谶。又有采花略蒸，暴干作香者，吟边酒里，以古鼎燃之，尤有清意。童用堀（师禹）诗云："胆瓶清酌撩诗兴，古鼎余花晕酒香。"可谓得此花之趣也。

【紫英菊】

菊名治蔷，《本草》名"节花"，陶注云："菊有二种，茎紫，气香而味甘，其叶乃可羹；茎青而气似蒿而苦，名苦薏，非也。"今法：春采苗、叶，洗，焯，用油略炒，煮熟，下姜、盐羹之，可清心明目；加枸杞叶，尤妙。天随子《杞菊赋》云："尔

---

30 "水"字之后，底本衍一"出"字，据甲本、乙本删。
31 "以"，底本原作"一"，据甲本改。

杞未棘，尔菊未莎，其如予何。"《本草》："杞叶似榴而软者，能轻身益气。其子圆而有刺者，名枸棘，不可用。"杞菊，微物也，有少差，尤不可用，然则君子小人，岂容不辨哉！

【橙玉生】

雪梨大者碎截，捣橙，入少盐、酱拌供，可佐酒与 [32]？葛天民《尝北梨》诗云："每到年头感物华，新棠梨到野人家。甘酸尚带中原味，肠断春风不见花。"虽非咏梨，然每爱其寓物，有《黍离》之叹，故及之。如咏雪梨，则无如张斗垄（蕴）"蔽身三寸褐，贮腹一团冰"之句。被褐怀玉者，盖有取焉。

【蟹酿橙】

橙大者截顶，刮去穰 [33]，留少液，以蟹膏肉实其内，仍以蒂顶覆之，入小瓶，用酒、醋、水蒸熟，加苦酒，入盐，既香而鲜，使人有"新酒菊花、香橙螃蟹"之兴。因记危巽斋（稹）赞蟹云："黄中通理，美在其中；畅于四支，美之至也。"此本诸《易》，而于蟹得之矣，今于橙蟹又得之矣。

【石榴粉（银丝羹附）】

藕截细块，砂器内擦稍圆，用梅水同胭脂染色，调绿豆粉拌之，入清水煮供，宛如石榴子状。又，用熟笋细丝，亦和以粉煮，名"银丝羹"。此二法恐相因而成之者，故并存之。

【椿根馄饨】

刘禹锡煮榠根馄饨皮法 [34]：立秋前后，谓世多痢及腰痛，取榠根一大握，捣筛。和面，捻馄饨，如皂荚子大，清水煮。日空腹服十枚，并无禁忌。山家晨有客至，先供之十数枚，

不惟有益，亦可少延早食。椿实而香，樗疏而臭，惟椿根可也。

【持螯供[35]】

蟹生于江者黄而腥，生于湖者绀而馨[36]，生于溪者苍而清。越淮多趣掠故，或枵而不盈[37]。辛卯，有钱君谦斋（震祖），惟砚存，复归于吴门。秋，偶过之，把酒论文，犹不减乎昨之勤也。留旬余，每旦市蟹，必取其圆脐，烹以酒、醋，杂以葱、芹，仰之以脐，少候其凝，人各举一，痛饮大嚼，何异乎泛浮于湖海之滨。庸庖俗饤，非口不知味，恐失此物风韵，但以橙、醋自足以发挥其所蕴也。且曰："团脐膏，尖脐螯。秋风高，团者豪。请举手，不必刀。羹以蒿，尤可饕。"因举山谷诗云："一腹金相玉质，两螯明月秋江。"真可谓诗中之验[38]。举以手，不必刀，尤见钱君之豪也。或曰："蟹所恶，唯朝雾。实筑筐，喋以醋。虽千里，无所误。" 因笔之，为蟛助。

【锦带羹】

锦带又名文官花，条生如锦。叶始生，柔脆可羹，杜甫故有"香闻锦带羹"之句。或谓莼之紫纤如带，况莼与菰同生水滨。昔张翰临风，必思莼鲈以下气。按《本草》：莼鲈同羹，可以下气止呕。以是知张翰在当时意气抑郁[39]，随事呕逆，固有此思耳，非莼鲈而何？杜甫卧病江阁，恐同此意也。谓锦带为花，或未必然。仆居山时，因有羹此花者，其味亦不恶。注谓吐绶鸡，则远矣。

【雕菰饭】

雕菰叶似芦，其米黑，杜甫故有"波翻菰米沉云黑"之

---

35 "持"，底本、乙本作"拥"，据甲本改。
36 "湖"，底本原作"河"，据甲本、乙本改。
37 "枵"，底本原作"朽"，据甲本、乙本改。
38 "验"，底本、乙本作"骚"，据甲本改。
39 "时"，底本原作"世"，据甲本改。

句，今胡稷是也。曝干砻洗，造饭既香而滑。杜诗又云："滑忆雕菰饭"。又会稽人顾翱，事母孝，母嗜雕菰饭，翱常自采撷供。家濒太湖，后湖中皆生雕菰，无余草，此孝感也。世有厚于奉己，薄于奉亲者，视此宁无愧乎？呜呼！孟笋王鱼，岂偶然哉。

掇叶餐花照冰井——冬

【梅花汤饼】

泉之紫帽山有高士，尝作此供。初浸白梅、檀香末水和面，作馄饨皮，每一叠用五出铁凿如梅花样者，凿取之，候煮熟，乃过于鸡清汁内。每客止二百余花[40]，可想一食亦不忘梅。后留玉堂（元刚）亦有诗："恍如孤山下，飞玉浮西湖。"

【梅粥】

扫落梅英净洗，用雪水煮白粥，候熟，同煮。杨诚斋诗云："才看腊梅得春饶，愁见风前作雪飘。晚蕊收将熬粥吃，落英仍好当香烧。"

【蜜渍梅花】

杨诚斋诗云："瓮澄雪水酿春寒，蜜点梅花带露餐。句里略无烟火气，更教谁上少陵坛。"剥白梅肉少许，浸雪水，以梅花酝酿之，露一宿取出，蜜渍之，可荐酒。较之敲雪煎茶，风味不殊也。

【胜肉夹（玉葟、潭笋尤佳）】

焯笋、葟同截，入松子、胡桃，和以酒、酱、香料，溲面作夹子。试葟之法，姜数片同煮，色不变，可食矣。

---

40 "止"，底本原作"上"，据甲本、乙本改。

【酥黄独（并去声）】

雪夜，芋正熟，有仇芋田从简载酒来扣门，就供之，乃曰："煮芋有数法，独酥黄独世罕得之。"熟芋截片，研榧子、杏仁，和酱，拖面煎之，且自侈以为甚妙。诗云："雪翻夜钵截成玉，春化寒酥剪作金。"

【牛蒡脯】

孟冬后，采根净洗，去皮，煮，毋令失之过，槌扁压干，以盐、酱、茴、萝、姜、椒、熟油诸料研细[41]，沮一两宿[42]，焙干食之，如肉脯之味。笋与莲脯，皆同此法。

【土芝丹】

芋之大者，名土芝，裹以湿纸，用煮酒和糟涂其外，以糠皮火煨之，候香熟，取出，安坳地内，去皮，温食。冷则破血，用盐则泄精，取其温补，名"土芝丹"。昔懒残师正煨此牛粪火中，有召者，却之曰："尚无情绪收寒涕，那得工夫伴俗人。"又居山人诗云："深夜一炉火，浑家团圞坐。煨得芋头熟[43]，天子不如我。"其嗜好可知矣。

小者曝干入瓮，候寒月，用稻草火煨盒，色香如栗，名"土栗"，雅宜山舍拥炉之夜供。赵两山（汝唫）诗云[44]："煮芋云生钵，烧茅雪上眉。"盖得于所见，非苟作也。

四时佳兴与人同——四季皆宜

【碧筒酒】

暑月，命客棹舟莲荡中，先以酒入荷叶束之，又包鱼鲊他叶内。候舟回，风熏日炽，酒香鱼熟，各取酒及鲊作供，

---

41 "诸"，底本缺，据甲本补。
42 "沮一两宿"，底本原作"一两火"，据甲本改。
43 "芋"，底本原作"羊"，据甲本、乙本改。
44 "赵两山汝唫"，底本原作"赵西安"，据甲本、乙本改。

真佳适也。坡云："碧筒时作象鼻弯，白酒微带荷心苦。"坡守杭时，想屡作此供也。

【香圆杯 [45]】

谢益斋（奕礼）不嗜酒，尝有"不饮但能看醉客"之句。一日书余琴罢，命左右剖香圆作二杯，刻以花，温上所赐酒以劝客。清芬霭然 [46]，使人觉金樽玉斝皆埃壒矣。香圆似瓜而黄，闽南一果耳。而得备京华鼎贵之清供，可谓得所矣。

【沆瀣浆】

雪夜，张一斋饮客。酒酣，簿书何君时峰出沆瀣浆一瓢，与客分饮，不觉酒容为之洒然。问其法，谓得于禁苑，止用甘蔗、萝菔，各切作方块，以水烂煮而已。盖蔗能化酒，萝菔能化食也。酒后得此，其益可知矣。《楚辞》有蔗浆，恐即此也。

【酒煮菜】

鄱江士友命饮，供以酒煮菜。非菜也，纯以酒煮鲫鱼也。且云："鲫，稷所化，以酒煮之，甚益。"第以鱼名菜，私窃疑之，及观赵好古《宾退录》所载，靖州风俗，居丧不食肉，唯以鱼为蔬，湖北谓之鱼菜。杜陵《白小》诗亦云 [47]："细微沾水族，风俗当园蔬。"始信鱼即菜也。赵好古，博雅君子也，宜乎先得其详矣。

【酒煮玉蕈（炙，煎也）】

鲜蕈净洗，约水煮少熟，乃以好酒煮，或佐以临漳绿竹笋，尤佳。施芸隐《玉蕈》诗云："幸从腐木出，敢被齿牙私 [48]。信有山林味，难教世俗知。香痕浮玉叶，生意满琼枝。饕腹何多幸，相酬独有诗。"今后苑多用酥炙，其风味尤不浅也。

---

45 "圆"，甲本作"橼"。用"圆"字是取音、义双关。
46 "芬"，底本原作"介"，据甲本、乙本改。
47 《白小》，底本原作"小白"，据甲本、乙本改。
48 "木"，底本原作"水"。敢，底本原作"款"，乙本作"放"。皆据甲本改。

【黄金鸡（又名"钻篱菜"，出《志林》）[49]】

李白诗云："堂上十分绿醑酒[50]，盘中一味黄金鸡。"其法：焊鸡净，用麻油、盐水煮之，入葱、椒，候熟，擘钉，以元汁别供。或荐以酒，则白酒初熟、黄鸡正肥之乐得矣。又如新法川炒等制，非山家不屑为，恐非真味也。每思茅容以鸡奉母，而以草蔬奉客[51]，贤矣哉！（《本草》云：鸡小毒，补虚治满。）

【假煎肉】

瓠与麸薄批，各和以料，煎麸以油，煎瓠以脂，乃熬葱油，入酒共炒，瓠与麸熟，不惟如肉，其味亦无辩矣。吴君璹宴客[52]，或出此。吴贵为后家，而喜与山林友朋[53]，嗜此清味，贤哉！尝作小青锦屏，鹄鸟山水，瓶簪古梅，枝缀像生梅数花，置坐左右，未尝忘梅。一夕，分题赋词，有孙贵蕃、施游心[54]，仆亦在焉。仆得心字《恋绣衾》，即席云："冰肌生怕雪未禁，翠屏前、短瓶满簪。真个是、疏枝瘦，认花儿、不要浪吟。等闲蜂蝶多休惹，暗香来、时借水沉。既得个、厮偎伴，任风霜、尽自放心。"诸公差胜，今忘其词。每到，必先酌以巨觥，名曰"发符酒"，而复觞咏，抵夜而去。今喜其子侄皆克肖，故及之。

【银丝供】

张约斋（镃）性喜延山林湖海之士。一日，午酌数杯后，命左右作银丝供，且戒之曰："调和教好，又要有味。"众客谓必脍也。良久，出琴一张，请琴师弹《离骚》一曲，众

49　"出"，底本原作"山"，据乙本改。

50　"亭"，乙本同，甲本作"堂"。

51　"以草蔬"三字，乙本作"不以鸡"。

52　"吴君璹"，底本原作"吴何铸"。柴立中《〈山家清供〉校注》："《宋史》卷四六五《外戚传》有吴益，宪圣皇后弟也。子璹，仕至保静军节度使。合'贵为后家'之意。此'吴何铸'者，疑是'吴君璹'之误。"据此改。

53　"与山林友朋"，底本原作"于山林朋友"，据甲本、乙本改。

54　"心"，底本缺，据甲本、乙本补。

始知银丝乃琴弦也；调和教好，调弦也；又要有真味，盖取渊明琴书中有真味之意也。张，中兴勋家也，而能知此真味，贤以哉！

《山家清供》未选译部分

【青精饭】

青精饭者，以此重谷也[55]。按《本草》："南烛木，今黑饭草。"即青精也。取枝叶捣汁，浸米蒸饭，曝干，坚而碧色[56]。久服益颜延年。仙方又有"青精石饭"，世未知为何石也。按《本草》："用赤石脂三斤、青粱米一斗，水浸，越三日，捣为丸，如李大，日服三丸，可不饥。"是知石即石脂也。二法皆有据，以山居供客，则当用前法；如欲效子房辟谷，当用后法。每读杜诗，既曰："岂无青精饭，令我颜色好。"又曰："李侯金闺彦，脱身事幽讨。"当时才名如杜李，可谓切于爱君忧国矣。天乃不使之壮年以行其志，而使之俱有青精、瑶草之思，惜哉！

【考亭蕨】

考亭先生每饮后，则以蕨茎供[57]。蕨[58]，一出于盱江，分于建阳；一生于严滩石上。公所供，盖建阳种，集有《蕨诗》可考。山谷孙崿，以沙卧蕨，食其苗，云生临汀者尤佳。

---

55 此句甲本作"青精饭，首以此，重谷也"。
56 此句甲本作："采枝叶捣汁浸米白好粳米，不拘多少，候一二时，蒸饭曝干，坚而碧色收贮，如用时，先用滚水，量以米数，煮一滚即成饭矣。用水不可多，亦不可少。"
57 "茎"，底本原作"蓝"，甲本作"菜"，而小字校语云："一本作茎。"按，原应作"茎"，系"茎"之俗写，字形可见《敦煌俗字谱》。刻工不识，或作"蓝"，或作"菜"，皆形近而讹。
58 "蕨"，底本脱，据甲本补。

【太守羹】

梁蔡撙为吴兴守[59]，不饮郡井[60]，斋前自种白苋、紫茄，以为常饵。世之醉酏饱鲜而怠于事者，视此得无愧乎！然茄、苋性皆凝冷[61]，必加芼姜为佳耳。

【冰壶珍】

太宗问苏易简曰："品事称珍，何者为最？"对曰："食无定味，适口者珍。臣心知齑汁美。"太宗笑问其故。曰："臣一夕酷寒，拥炉烧酒，痛饮大醉，拥以重衾。忽醒，渴甚，乘月中庭，见残雪中覆一齑盎。不暇呼童，掬雪盥手，满饮数缶。臣此时自谓上界仙厨，鸾脯凤脂，殆恐不及。屡欲作《冰壶先生传》记其事，未暇也。"太宗笑而然之。后有问其方者，仆答曰："用清汤浸以绿豆，解，一味耳[62]。"或不然，请问之冰壶先生。

【蓝田玉】

《汉书·地理志》：蓝田出美玉。魏李预每羡古人餐玉之法，乃往蓝田，果得美玉璞七十枚，为屑服饵，而不戒酒色。偶疾笃，谓妻子曰："服玉必屏居山林，排弃嗜欲，当大有神效。而酒色不绝，自致于死，非玉过也。"要之，长生之法，能清心戒欲，虽不服玉，亦可矣。今法：用瓠一二枚，去皮毛，截作二寸方片，烂蒸以食之。不烦烧炼之功，但除一切烦恼妄想，久而自然神气清爽，较之前法差胜矣。故名法制蓝田玉。

【豆粥】

汉光武在芜亭时，得冯异奉豆粥，至久且不忘报，况山居可无此乎？用沙瓶烂煮赤豆，候粥少沸，投之同煮，既熟

---

59 "蔡撙"之"撙"，底本原作"尊"，甲本作"遵"，此据《南史》改。

60 "井"，底本原作"中"，据甲本改。

61 甲本"凝"字后有小字校语："一作微。"

62 此句难通，乙本作："用面汤浸以菜，并消醉、渴，一味耳。"食材已不同。据此段末句可知，做法究竟怎样，当时已成聚讼。

而食。东坡诗曰："岂如江头千顷雪[63]，茅檐出没晨烟孤。地碓舂粳光似玉，沙瓶煮豆软如酥。老我此身无着处，卖书来问东家住。卧听鸡鸣粥熟时，蓬头曳杖君家去。"此豆粥法也。若夫金谷之会，徒咄嗟以夸客，孰若山舍清谈，徜徉以俟其熟也。

【寒具】

晋桓玄喜陈书画，客有食寒具，不濯手而执书籍者，偶涴之，后不设寒具。此必用油蜜者，《要术》并《食经》皆只曰环饼，世疑馓子也[64]，或云巧夕蜜食也[65]。杜甫十月一日乃有"粔籹作人情"之句，《广记》则载寒食事中。三者皆可疑。及考朱氏注《楚词》"粔籹蜜饵，有怅惶些"，谓以米面煎熬作寒具是也。以是知《楚词》一句，是自三品：粔籹乃蜜面之干者[66]，十月开炉饼也；蜜饵乃蜜面少润者，七夕蜜食也；怅惶乃寒食寒具，无可疑者。闽人会姻友煎馎，以糯粉和面，油煎，沃以糖，食之，不濯手则能污物，且可留月余，宜禁烟用也。吾翁和靖先生《山中寒食》诗乃云："方塘坡绿杜蘅青，布谷提壶已足听。定有初尝寒具罢，据梧痛饮散幽襟。"吾翁读天下书，攻媿先生具服其和琉璃堂应事者，信乎此为寒食具矣。

【地黄馎饦】

崔元亮《海上方》：治心痛，去虫积，取地黄大者，净洗捣汁，和细面作馎饦，食之，出虫尺许，即愈。贞元间，通事舍人崔杭女作淘食之，出虫，如蟆状，自是心患除矣。《本草》：浮为天黄，半沉为人黄，惟沉底者佳。宜用清汁，入盐则不可食。或净洗细截，夹米煮粥，良有益也。

---

63 "如"，底本原作"知"，据甲本改。

64 "疑"，底本原作"凝"，据甲本改。

65 "云"，底本原脱，据甲本补。

66 此句末，底本衍一"也"字，据甲本删。

【玉糁羹（或用山芋 ）】

东坡一夕与子由饮，酣甚，捶芦菔烂煮，不用他料，只研白米为糁，食之。抚几曰："若非天竺酥酏，人间决无此味。"

【栝蒌粉】

孙思邈法：深掘大根，厚削至白[67]，寸切，水浸，一日一易，五日取出，捣之以力，贮以绡囊，滤为玉液，候其干矣，可为粉食。杂粳为糜，翻匙雪色，加以乳酪，食之补益。又方：取实，酒炒，为引肠风、血下，可以愈疾。

【素蒸鸭】

郑余庆有亲朋早至，敕令家人曰："烂蒸去毛，勿拗折项。"客意鹅鸭也。良久，乃蒸葫芦一枚耳。今岳倦翁珂《书食品付庖者》诗云："动指不须占染鼎，去毛切莫拗蒸葫。"岳，勋阀也，而知此味，异哉！

【黄精果（附饼茹）】

仲春深采根，九蒸九曝，捣如饴，可作果食。又细切一石，水二石五升，煮去苦味，漉入绢袋，压汁，澄之，再煎如膏，以炒黑豆、黄米，作饼约二寸大。客至，可供二枚。又，采苗可为菜茹。隋羊公服法：芝草之精也，一名仙人余粮。其补益可知矣。

【煿金煮玉】

笋取鲜嫩者，以物料和薄面，拖油煎煿，如黄金色，甘脆可爱。旧游莫干，访霍如庵正夫，早供以笋，切作方片，和白米煮粥，佳甚。因戏之曰："此法制惜精气也。"济颠《笋疏》云："拖油盘内煿黄金，和米铛中煮白玉。"二者兼得之矣。霍，北司贵公也，乃甘山林之味，异哉！

---

67 "至"，底本原作"去"，此据乙本改。

【柳叶韭（温、无毒，归心，安五脏，又名薤）】

杜诗"夜雨剪春韭"，世多误为剪之于畦，不知剪字极有理。盖于炸时必先齐其本，如烹薤"圆齐玉箸头"之意。乃以左手持其末，以其本竖汤内，少剪其末，弃其触也。只炸其本，带性投冷水中，出之，甚脆。然必竹刀截之。一方：采嫩柳叶少许同炸，尤佳，故曰"柳叶韭"。

【松黄饼】

暇日，过大理寺，访秋岩陈评事介，留饮。出二童，歌渊明《归去来辞》，以松黄饼供酒。陈方巾美髯，有超俗之标。饮此，使人俨然起山林之兴，觉驼峰、熊掌皆下风矣。春采松花黄和蜜模作饼[68]，如鸡舌、龙涎，不惟香味清甘，亦自有所益也。

【酥琼叶】

宿蒸饼，薄切，涂以蜜，或以油就火上炙，铺纸地上散火气，甚松脆，且止痰化食[69]。杨诚斋诗云："削成琼叶片，嚼作雪花声。"声形容善矣。

【凫茨粉】

凫茨粉可作粉食，甘滑异于他粉。偶天台陈梅庐见惠，因得其法。凫茨，《尔雅》一名芍。郭云："生下隰田，似龙须而细，根如指头而黑。"即荸荠也。采以曝干，磨而澄滤之，如绿豆粉法。后读刘一止《非有类稿》，有诗云："南山有蹲鸱，春田多凫茨。何必泌之水，可以疗我饥。"信乎可以食矣。

【玉灌肺】

真粉、油饼、芝麻、松子、胡桃、莳萝，六者为末，拌和，入甑蒸熟，切作肺块，用枣汁供[70]。今后苑名曰"御爱玉灌

68　"采"，底本原作"末"，据甲本、乙本改。

69　"痰"，底本原作"疾"，据甲本、乙本改。

70　"枣"，甲本作"辣"。

肺"。要之，不过一素供耳。然以此见九重崇俭不嗜杀之意，居山者岂宜侈乎！

【进贤菜（苍耳饭）】

苍耳，枲耳也。江东名常枲，幽州名爵耳，形如鼠耳。陆机《疏》云：叶青白色，如胡荽，白华细茎，蔓生。采嫩叶，洗、焯，以姜、盐、苦酒拌为茹，可疗风。杜诗云："苍耳可疗风，童儿且时摘。"《诗》之《卷耳》，首章云："嗟我怀人，置彼周行。"酒醴，妇人之职，臣下勤劳，君必劳之。因采此而有所感，念及酒醴之用，以此见古者，后妃欲以进贤之道讽其上，因名"进贤菜"。张氏诗曰："闺阃诚难与固防，默嗟徒御困高冈。觥罍欲解痡瘝恨，充耳元因备酒浆。"其子可杂米粉为糗，故古诗有"碧涧水淘苍耳饭"[71]之句云。

【拨霞供（《本草》：兔肉补中益气，不可同鸡食）】

向游武夷六曲，访止师，遇雪天，得一兔，无庖人可制。师云："山间只用薄批，酒酱椒料沃之，以风炉安坐上，用水少半铫，候汤响，一杯后，各分以箸，令自夹入汤摆熟[72]，啖之。乃随宜各以汁供。"因用其法。不独易行，且有团圞暖热之乐。越五六年，来京师，乃复于杨泳斋伯岩席上见此，恍然去武夷，如隔一世。杨，勋家，嗜古学而清苦者，宜安此山林之趣。因作诗云："浪涌晴江雪，风翻晚照霞。"末云："醉忆山中味，浑忘是贵家。"（猪羊皆可。）

【骊塘羹】

曩客骊塘书院，每食后，必出菜汤，青白极可爱，饭后得之，醒酲未易及此。询庖者，止用菜与萝菔细切，以井水之烂为度，初无他法。后读坡诗，亦只用蔓菁、萝菔而已[73]。诗云："谁知南岳老，解作东坡羹。中有萝菔根，尚含晓露清。勿语贵公子，

71　"饭"，底本原作"饮"，据甲本改。
72　"夹"，底本原作"筴"，系"策"之俗体，据甲本改。
73　"萝"，底本原作"菜"，据甲本与下文引诗改。

附录　《山家清供》原文

117

从渠嗜膻腥。"以此可想二公之嗜好矣。今江西多用此法者。

【真汤饼】

翁瓜圃[74]访凝远居士，话间命仆："作真汤饼来。"谓："天下安有假汤饼？"及见，乃沸汤泡入油饼，人一杯耳。翁曰："如此，则汤泡饭亦得名真泡饭！"居士曰："稼穑作甘，苟无胜食气者，则真矣。"

【神仙富贵饼（煮用淡石灰水，必切做片子）】

煮术与菖蒲，曝为末，每一斤用蒸山药末三斤，炼蜜水调入面作饼，曝收。候客至，蒸食，条切。亦可羹。章简公诗云："术荐神仙饼，菖蒲富贵花。"

【玉带羹】

春坊赵莼湖璧会，弟竹潭雍亦在焉，论诗把酒，及夜，无可供者。湖曰："吾有镜湖之莼。"潭曰："雍有稽山之笋。"仆笑曰："可有一杯羹矣。"乃命庖作"玉带羹"，以笋似玉、莼似带也。是夜甚适。今犹喜其清高而爱客也。每读忠简公"跃马食肉付公等，浮家泛宅真吾徒"之句，有此儿孙宜矣。

【汤绽梅】

十月后，用竹刀取欲开梅蕊，上蘸以蜡，投尊缶中。夏月，以熟汤就盏泡之，花即绽，香可爱也。

【通神饼】

姜薄切，葱细切，各以硝汤焯，和稀面，宜以少国老细末和入面[75]，庶不大辣。入浅油炸，能已寒。朱氏《论语注》云："姜，通神明。"故名之。

---

74 翁卷，字续古，一字灵舒，号瓜圃，永嘉人。底本原倒作"瓜圃翁"，据甲本乙正。

75 "少国老"后，乙本有小字夹注："甘草也。"

【金饼】

危巽斋云："梅以白为正，菊以黄为正，过此恐渊明、和靖二公不取也。"今世有七十二种菊，正如《本草》所谓"今无真牡丹，不可煎煮法"。采紫茎黄色正菊英，以甘草汤和硝少许，焯过[76]，候粟饭少熟，投之同煮。久食，可以明目延龄，苟得南阳甘谷水，煎之尤佳也。昔之爱菊者，莫如楚屈平、晋陶潜，然孰知今之爱者，有刘石涧元茂焉，虽一行一坐[77]，未尝不在于菊，《翻帙得菊叶》诗云："何年霜后黄花叶，色蠹犹存万卷诗。曾是往来篱下读，一枝闲弄被风吹。"观此诗，不惟知其爱菊，其为人清介可知矣。

【石子羹】

溪流清处取小石子，或带藓者一二十枚，汲泉煮之，味甘于螺，隐然有泉石之气。此法得之吴季高，且曰："固非通宵煮食之石，然其意则甚清矣。"

【山家三脆】

嫩笋、小蕈、枸杞菜，油炒作羹，加胡椒尤佳。赵竹溪密夫酷嗜此，或作汤饼以奉亲，名"三脆面"。尝有诗云："笋蕈初萌杞菜纤，燃松自煮供亲严。人间肉食何曾鄙，自是山林滋味甜。"蕈亦名菰。

【洞庭馒】

旧游东嘉时，在水心先生席上，适净居僧送馒至，如小钱大，各和橘叶，清香霭然，如在洞庭左右。先生诗曰："不待满林霜后熟，蒸来先作洞庭香。"询寺僧，曰："采莲蓬与橘叶捣汁，加蜜和米粉作馒，合以叶蒸之。"市亦有卖，特差大耳。

---

76 "过"，底本原作"退"，据甲本、乙本改。
77 后一"一"字，底本原脱，据甲本、乙本补。

【蓬糕（候饭沸，以蓬拌面煮，名"蓬饭"）】

采白蓬嫩者，熟煮、细捣，和米粉蒸熟，以香为度。世之贵介子弟，知鹿茸、钟乳为重，而不知食此，实大有补，讵可以山食而鄙之哉！闽中有草稗。

【樱桃煎（用蜜则解毒）】

樱桃经雨，则虫在内生，人莫之见。用生水一碗，浸之良久，其虫皆蛰蛰而出，乃可食也。杨诚斋诗云："何人弄好手，万颗捣虚脆。印成花钿薄[78]，染作冰澌翠。北果非不多，此味良独美。"要之，其法不过煮以梅水，去核捣为饼，而加以蜜耳。

【如荠菜】

刘彝学士宴集间，必欲主人设苦荬。狄武襄公青帅边时，边郡难以时置。一日宴集，彝与韩魏公对坐，偶此菜不设，谩骂狄公至黥卒。狄声色不动，仍以先生呼之，魏公知狄公真将相器也。《诗》云："谁谓荼苦。"刘可谓甘之如荠者。其法：用醯酱独拌生菜[79]。然，太苦则加姜、盐而已。《礼记》"孟夏，苦菜秀"是也。《本草》：一名荼，安心益气。隐居作屑饮，可不寐。今交、广多种也。

【萝蔔面】

王医师承宣，常捣萝蔔汁溲面作饼，谓能去面毒。《本草》：地黄与萝蔔同食，能白人发。水心先生酷嗜萝蔔，甚于服玉。谓诚斋云："萝蔔便是辣底玉。"仆与靖逸叶贤良（绍翁）过从二十年，每饮适必索萝蔔，与皮生啖，乃快所欲。靖逸平生读书不减水心，而所嗜略同。或曰能通心气，故文人嗜之。然靖逸未老而发已皤，岂地黄之过欤？

---

78 "钿"，底本原作"细"，据乙本改。
79 "醯"，底本原作"盐"，据甲本改。

【麦门冬煎】

春秋采根去心，捣汁和蜜，以银器重汤煮，急搅如饴为度，贮之瓷器，温酒化服，滋益多矣。

【鸳鸯炙】

蜀有鸡，嗉中藏绶如锦[80]，遇晴则向阳摆之，出二角寸许。李文饶诗："葳蕤散绶轻风里，若仰若垂何可拟。"王安石诗："天日清明聊一吐，儿童初见互惊猜。"生而反哺，亦名孝雉。虽杜甫有"香闻锦带羹"之句[81]，而未尝食。向游吴之虞江，留钱春塘名舜选家，持螯把酒，适有人携双鸳至，得之炙，以油爁，下酒、酱、香料燠熟，饮余吟倦，得此甚适。诗云："盘中一箸休嫌瘦，入骨相思定不肥。"不减锦带矣。静言思之，吐绶鸳鸯，虽各以文彩烹，然吐绶能反哺，烹之忍哉？（雄不可同胡桃木耳荸荠食，下血。）

【笋蕨馄饨】

采笋蕨嫩者，各用汤瀹[82]，炒以油，和之酒、酱、香料，作馄饨供。向客江西林谷梅少鲁家，屡作此品。后坐古香亭，采芎、菊苗荐茶，对玉茗花，真佳适也。玉茗似茶少异，高约五尺许，今独林氏有之。林乃金石台山房之子，清可想矣。

【真君粥】

杏实去核，候粥熟同煮，可谓"真君粥"。向游庐山，闻董真君未仙时多种杏，岁稔则以杏易谷，岁歉则以谷贱粜，时得活者甚众，后白日升仙。有诗云："争似莲花峰下客，种成红杏亦升仙。"岂必专于炼丹服气？苟有功德于人，虽未死而名亦仙矣。因名之。

80　"嗉"，底本原作"素"，据甲本改。
81　"闻"，底本原作"开"，据甲本改。
82　"瀹"，底本原作"药"，径改。

【满山香】

陈习庵埙《学圃》诗云："只教人种菜，莫误客看花。"
可谓重本而知山林味矣。仆春日渡湖，访薛独庵遂大，留饮，
供以春盘。偶得诗云："教童收取春盘去，城市如今菜色多。"
非薄菜也，以其有所感，而不忍下箸也。薛曰："昔人赞菜，
有云'可使士大夫知此味，不可使斯民有此色'，诗与文虽不同，
而忧时之意则无以异。"一日，煮姜油菜羹，自以为佳品。
偶郑渭滨师吕至，供之，乃曰："予有一方为献，只用茴香、姜、
椒，炒为末，贮以葫芦，候煮菜少沸[83]，乃与熟油、酱同下，
急覆之，满山已香矣。"试之果然，名"满山香"。比闻汤
将军孝信嗜盦菜，不用水，只以油炒，候得汁出，和以酱料
盦熟，自谓香品过于禁脔。汤，武士也，而不嗜杀，异哉！

【鸭脚羹】

葵似今蜀葵，丛短而叶大，以倾阳故，性温。其法与羹
菜同，《豳风·七月》所烹者是也。刘之不伤其根，则复生。
古诗故有"采葵莫伤根，伤根葵不生"之句。昔公仪休相鲁，
其妻植葵，见而拔之，曰："食君之禄，而与民争利，可乎？"
今之卖饼货酱、质钱市药，皆食禄者[84]，又不止植葵，小民
岂可活哉！白居易诗云："禄米獐牙稻，园蔬鸭脚葵"，因名。

【河枢粥】

《祀礼》：干鱼曰薧。古诗有"酌醴焚枯鱼"之句，南人
谓之鲞鱼，多煨食，罕有造粥者。比游天台山，有取干鱼浸
洗细截，同米煮，入酱料，加胡椒，言能愈头风，过于陈琳
之檄。亦有杂豆腐为之者。《鸡肋集》云："武夷君食河枢脯，
干鱼者。"因名之。

【松玉】

文惠太子问周颙曰："何菜为最？"颙曰："春初早韭，

---

83 "候"，底本原作"后"，据甲本改。
84 "皆"，底本原脱，据甲本补。

秋末晚菘。"然菘有三种，惟白于玉者甚松脆，如色稍青者，绝无风味，因名其白者曰"松玉"，亦欲世之食者有所决择也。

【雷公栗】

夜炉书倦，每欲煨栗，必虑其烧爆之患[85]。一日，马北廛逢辰曰："只用一栗蘸油，一栗蘸水，置铁铫内，以四十七栗密覆其上，用炭火燃之，候雷声为度。"偶一日同饮，试之果然，且胜于砂炒者，虽不及数，亦可矣。

【东坡豆腐】

豆腐，葱油炒，用酒研小榧子一二十枚，和酱料同煮。又方：纯以酒煮。俱有益也。

【罂乳鱼（甘平无毒）】

罂中粟净洗，磨乳。先以小粉置缸底，用绢囊滤乳下之，去清入釜，稍沸，亟洒淡醋收聚，仍以囊压成块，以小粉皮铺甑内，下乳蒸熟，略以红曲水洒，又少蒸取出，作鱼片，名"罂乳鱼"。

【木鱼子】

坡诗云："赠君木鱼三百尾，中有鹅黄子鱼子。"春时剥楔鱼蒸熟，与笋同，蜜煮醋浸，可致千里。蜀人供物多用之。

【自爱淘（食后须下熟面汤一杯）】

炒葱油，用纯滴醋和糖、酱作齑，或加以豆腐及乳，候面熟，过水，作茵供食，真一补药也。

【忘忧齑】

嵇康云："合欢蠲忿，萱草忘忧。"崔豹《古今注》则曰"丹棘"，又名鹿葱。春采苗，汤瀹，以醯、酱作为齑，或燥以肉。何处顺宰六合时，多食此，毋乃以边事未宁，而忧未忘邪？

85　"必"，底本原作"心"，据甲本改。"爆"，底本原作"煿"，据甲本改。

因赞之曰："春日载阳，采萱于堂。天下乐兮，其忧乃忘。"

【脆琅玕】

莴苣去叶皮，寸切，瀹以沸汤，捣姜、盐、糖、熟油、醋拌渍之，颇甘脆。杜甫种此，二旬不甲坼，且叹："君晚得微禄，坎坷不进，犹芝兰困荆杞。"以是知诗人非为口腹之奉，实有感而作也。

【炙獐】

《本草》：秋后其味胜羊。道家羞为白脯，其骨可为獐骨酒。今作大脔，盐、酒、香料淹少顷，取羊漫脂包裹，猛火炙熟，去脂，食其肉。鹿、麂同法。

【当团参（北人名"鹊豆"）】

白扁豆，温、无毒，和中下气。烂炊，其味甘。今取葛天民"烂炊白扁豆，便当紫团参"之句名之也。

【梅花脯】

山栗、橄榄，薄切，同食，有梅花风韵，因名"梅花脯"。

【牛尾狸】

《本草》云："斑如虎者最，如狸者次之。肉主痔病。"法：去皮并肠腑，用纸揩净，以清酒净洗，入葱、椒、茴、萝于其内，缝密蒸熟，去料物，压隔宿，薄切如玉。雪天炉畔，论诗配酒，真奇物也。故东坡有"雪天牛尾"之咏。或纸裹糟一宿，尤佳。杨诚斋诗云："狐公韵胜冰玉肌，字则未闻名季狸[86]。误随齐相燧牛尾[87]，策勋封作糟丘子。"南人或以为猏[88]。形如黄狗，鼻尖而尾大者，狐也。其性亦温，可去风、补劳。腊月取胆，

86　"字"，底本原作"子"；"闻"，底本原作"阐"；"季"，底本原作"李"。皆据甲本改。

87　"燧"，底本原作"逐"，据甲本改。

88　"猏"，底本原作"绘"，据甲本改。

凡暴亡者，以温水调灌之。即愈。

【金玉羹】

山药与栗各片截，以羊汁加料煮，名"金玉羹"。

【山煮羊】

羊作脔，置砂锅内，除葱、椒外，有一秘法：只用捶真杏仁数枚，活火煮之，至骨亦糜烂。每惜此法不逢汉时，一关内侯何足道哉！

【不寒齑】

法：用极清面汤，截菘菜，和姜、椒、茴、萝。欲亟熟，则以一杯元齑和之。又，入梅英一掬，名"梅花齑"。

【醒酒菜】

米泔浸琼芝菜，暴以日，频搅，候白，净洗，捣烂，熟煮取出，投梅花十数瓣，候冻，笔橙，为芝齑供。

【豆黄羹】

豆面细茵[89]，曝干藏之，入酱青芥[90]、盐菜心同煮为佳。第此二品，独泉有之，如止用他菜及酱汁亦可，惟欠风韵耳。

【胡麻酒】

旧闻有胡麻饭，未闻有胡麻酒。盛夏，张整斋招饮竹阁，正午，各饮一巨觥，清风飒然，绝无暑气。其法：渍麻子二升，煎熟，略炒，加生姜二两、生龙脑叶一撮，同入炒，细研，投以煮，酝五升，滤渣去，水浸之，大有所益。因赋之曰："何须更觅胡麻饭，六月清凉却是仙。"《本草》名巨胜，云桃源所有胡麻，即此物也，恐虚诞者自异其说云。

---

89 "茵"，底本原脱，据甲本补。
90 "青芥"，底本原作"清芬"，径改。

【茶供】

茶即药也，煎服则去滞而化食，以汤点之，则反滞膈而损脾胃。盖世之嗜利者，多采他叶杂以为末，人多怠于煎服，宜有害也。今法：采芽，或用碎擘，以活水煎之，饭后必少顷乃服。东坡诗云"活水须将活火烹"，又云"饭后茶瓯味正深"，此煎服法也。陆羽《经》亦以"江水为第一，山泉与井俱次之"。今世不择水，且入盐及果，殊失正味。不知惟姜去昏，惟梅去倦，如不昏不倦，亦何必用？古之嗜茶者，无如玉川子，惟闻煎吃，如有汤点，则又安能及七碗乎？山谷词云："汤响松风，早减了、七分酒病。"倘知此味，口不能言，心下快乐，自省之禅参透矣。

【新丰酒法】

初用面一斗、糠醋三升、水二担，煎浆及沸，投以麻油、川椒、葱白。候熟，浸米一石。越三日，蒸饭熟，乃以元浆煎强半，及沸，去沫，投以川椒及油。候熟，注缸面，入斗许饭及面末十斤、酵半升。既晓[91]，以元饭贮别缸，却以元酵饭同下，入米二担、面二十斤，熟踏覆之。既搅以水，越三日止，四五日可熟。夏月，约三二日可熟。其初余浆，又加以水浸米，每值酒熟，则取酵以相接续，不必灰曲，只磨木香皮，用清水溲作饼，令坚如石，初无他药。仆尝与危巽斋子骏之新丰，故知其详。危君此时常禁窃酵，以专所酿；戒怀生，以全所酿；且络新屦，以洁所酿；透风，以通其酿。故所酿日佳，而利不亏。是以知酒政之微，危亦究心矣。昔人《丹阳道中》诗云：昨日新丰市，尤闻旧酒香。抱琴沽一醉，终日卧斜阳。"正其地。沛中自有旧丰，为酒之地，乃长安郊新丰也[92]。

91　"晓"，底本原作"挠"，据甲本改。
92　"郊"，底本原作"邦"，据乙本改。

翁彪 | 翻译 + 校勘

北京大学文学博士，陕西师范大学教师，
专栏作者。豆瓣@脱脱不花。

梦雨 | 插图 + 导读

清华大学建筑学博士在读，插画师。出
版有《初识国粹·昆曲折子戏绘本》等。